世界潮流

首饰设计制作

分步详解

[美] 安娜·波特 / 著
武黄岗 赵策 / 译

江苏凤凰科学技术出版社 · 南京

江苏省版权局著作权合同登记 图字：10-2021-32 号

图书在版编目（CIP）数据

世界潮流首饰设计制作分步详解 /（美）安娜·波特著；武黄岗，赵策译．— 南京：江苏凤凰科学技术出版社，2022.2
ISBN 978-7-5713-2538-1

Ⅰ．①世… Ⅱ．①安…②武… ③赵… Ⅲ．①首饰—设计 ②首饰—制作 Ⅳ．① TS934.3

中国版本图书馆 CIP 数据核字（2021）第 229879 号

世界潮流首饰设计制作分步详解

著　　者　［美］安娜·波特
译　　者　武黄岗　赵　策
责任编辑　洪　勇
责任校对　仲　敏
责任监制　方　晨

出版发行　江苏凤凰科学技术出版社
出版社地址　南京市湖南路 1 号 A 楼，邮编：210009
出版社网址　http://www.pspress.cn
印　　刷　天津丰富彩艺印刷有限公司

开　　本　787 mm × 1 092 mm　1/16
印　　张　8.75
字　　数　128 000
版　　次　2022年2月第1版
印　　次　2022年2月第1次印刷

标准书号　ISBN 978-7-5713-2538-1
定　　价　49.80元

前 言

一位艺术家的旅行日志

我喜欢旅行，常常被他国文化深深吸引。然而，在过去的二十年间，我停下了旅行的脚步，安心抚养我的五个孩子。在这个美好的季节，每个时刻都是那么美好，于是我做回了那个喜欢到处旅行的女孩。我所认识的大多数探险者已经停止了旅行的脚步。高要求的职业、抚养小孩子、支付大学学费、照顾年迈的父母……有太多事情成为我们环游世界的牵绊。然而无论我们的处境如何，都不能抑制我们那颗喜欢创新的心。

受到世界各国珠宝首饰设计传统的启发，《世界潮流首饰设计制作分步详解》着重介绍了25种珠宝设计风格。本书的编排就像是一场世界环游之旅，共分为五个篇章：欧洲篇、亚洲篇、拉丁美洲篇、非洲篇和印度篇。正是有了各种灵感源泉，珠宝首饰从链织品、编织到流苏等设计风格迥异。其中一些珠宝设计较为费力，但是初学者都可以通过这本书掌握这些新的编织技术。这本书也会丰富你对珠宝工艺的认识，因为我们的艺术家讲述了有关珠宝首饰背后的故事，我以叙述的形式把这些东西呈现了出来。珠宝首饰设计背后的浪漫故事加深了我们对当地文化与艺术家的敬意，他们所编织的精美珠宝首饰让我们灵感大发。我少年时就喜欢阅读《马可·波罗游记》和《彼得曼游记》，它们同样给我带来了写作此书的灵感，书中的人物和故事虽然被故事化了，但是叙述者是真实的。

尽情享受这场世界潮流首饰的漫游之旅吧！

目录

PASSPO
Trondheim
Dovrefjell
Glittertind
2470
Bergen
Oslo
Moray Firth
Aberdeen
BİRLEŞİK
Glasgow
Dundee
Edinburgh
KUZEY
KRALLIK
Newcastle upon Tyne
Middlesbrough
Leeds
Liverpool
Manchester
Kingston upon Hull
Sheffield
Nottingham
DENİZİ
Göteborg
Kattegat
Esbjerg
Kiel
Hamburg
Rostock
Lübeck
Amsterdam
HOLLANDA
Den Haag
Rotterdam
Bremen
Hannover
Berlin
Szczecin
Gdańsk
Kaliningrad
Riga
Liepája
Klaipeda
Daugavpils
LİTUANYA
Kaunas
Vilnius
Minsk
Toruń
Białystok
Baranoviçi
POLONYA
Poznań
Varşova
Brest
Magdeburg
Essen
Antwerp
Düsseldorf
Köln
Liège
Bonn
Brüksel
Lille
ALMANYA
Leipzig
Dresden
Wrocław
Łódź
Lublin
Frankfurt
Mainz
Prag
Katowice
Krakov
Lvov
Nancy
Strasbourg
Karlsruhe
Nürnberg
Regensburg
Stuttgart
Münih
Plzeň
Ostrava
Gerlachovka
2663
Przemyśl
Ternopol
Orléans
Nantes
Tours
FRANSA
Dijon
Basel
Zürih
Berne
İSVİÇRE
Lausanne
Cenevre
Linz
Salzburg
Viyana
Bratislava
Miskolc
AVUSTURYA
Budapeşte
Debrecen
Oradea
Cluj
Graz
MACARİSTAN
Lyon
Mt.Blanc
4807
Milano
Torino
Maribor
Ljubljana
Pécs
Szeged
Zagreb
HIRVATİSTAN
Novi Sad
Venedik
Triyeste
Toulouse
Nîmes
Cenova
La Spezia
Bologna
SAN MARINO
Zadar
BOSNA HERSEK
Saraybosna
Belgrad
Bükreş
Ploieşti
Floransa
Ancona
Split
SIRBİSTAN
Dubrovnik
Tarragona
İşkodra
Draç
Tiran
Üsküp
Plovdiv
Edirne
İstanbul
Bari
Brindisi
Korfu
Larisa
YUNANİSTAN
Atina
Korint
Kalámai
200
100 EURO
50 EURO

工具和材料

书中的每一款珠宝首饰都列举了所需的工具和材料，
这里我会为我自己喜欢使用的材料介绍一些背景知识。

穿线材料

正确的穿线材料是珠宝设计的重要一环，因此你要选择足够结实的材料来支撑整个设计，同时赋予你的作品一定的柔韧性。

S丝绸串珠线：我会选择丝绸串珠线来完成我的串珠作品。丝绸串珠线是串珠作品的最佳选材，因为这种丝线细腻、结实、顺滑。等你完成后，你会发现编织得也很漂亮。你也可以选择尼龙线。

上蜡的亚麻线：这种较硬的丝线是流苏作品最基本的材料，它会让编结保持不变形。我发现这种材料非常适用于波希米亚风格的编织作品。

记忆丝：这种丝具有很强的记忆性，每次都会变回原形。当你切割时，必须用记忆丝钳，因为这种回火钢丝会让你平时使用的刀具出现豁口。

金属丝：金属丝是我珠宝设计中最主要的一种丝线。从耳饰到挂饰的缠绕，我都会选用金属丝。除了上佳的纯银丝和镀金丝，我最喜欢的丝线是Aintaj的金属丝，因为它昂贵的、暖色调的铜绿色提升了整个设计的品质。金属丝按照硬度和厚度进行分类。用极硬、中硬、极软来表示金属丝的硬度和延展性；就厚度而言，厚度值越高，金属丝就越纤细。因此，厚度为18、极硬的金属丝是结构设计最佳的丝线，而厚度为26、中硬的金属丝更适合缠绕设计。

配件常常不受重视，但是成也配件，败也配件。

柔性串珠金属丝：当你选择结实的金属丝来编织较重的作品时，要注意包装上标示的“断裂承重”。10磅（大约4.5千克）的断裂承重表示这条金属丝在断裂前能够承受10磅的重量。虽然我们平常不会穿戴重达10磅的项链，但是这也说明了金属丝能承受10磅的拉力（比如你在做晚饭时你的项链卡在了壁橱拉手上）。

配件

虽然配件对作品的整体外观影响不大，但我发现有光泽或外形美观的球头平针、扣子和链子也会让作品别具一格。我喜欢在我的珠宝设计中使用传统的或手工的配件，因为它们增添了另一种意趣。我不会使用过于磨光的配件，因为这会分散人们对整件珠宝首饰的关注度。

扣子：这取决于具体的珠宝设计。我会根据需要彰显的程度来选择不同的扣子。扣子在设计中的作用要么是定睛之点，要么是丰富色调。为此，我喜欢使用带有装饰性的S型扣子或是拴扣来提升设计品味。对于更为繁复的作品，我喜欢用小龙虾扣来弱化它的设计。无论你选择哪种扣子，你要确保它能够承受整件作品的重量，不会太容易脱扣。

链子：我最喜欢的炫酷链子是复古的人造珠宝。请忽视缺乏美感的坠饰，找一些有趣的衔接和优质的抛光链子。带有衬扣的链子和配件的抛光珠宝更是上乘之作。

球头平针：我在珠饰作品中常用的是球头平针，因为使用微小的圆珠可以达到视觉上的平衡。

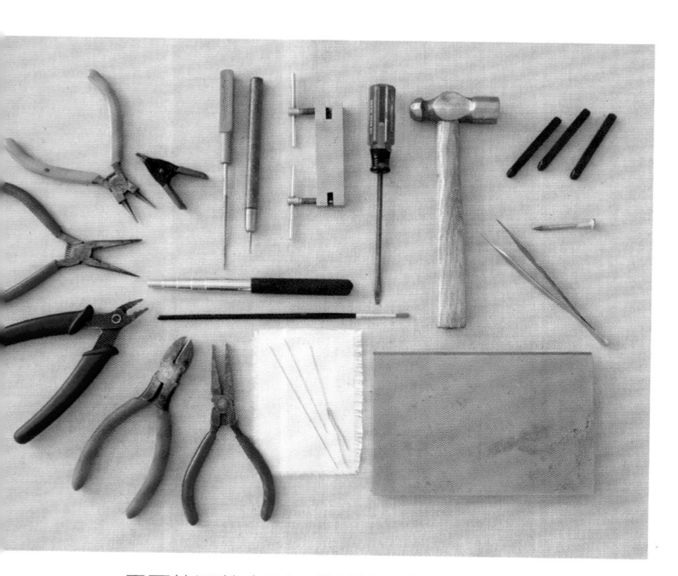

需要的话就去买一些质量最好的工具。你的珠宝会感谢你的！

眼钉：如果拥有一枚眼钉，那你的珠串也就完成了一半。把珠子和珠帽穿到眼钉上就能把珠子串起来，再加一个单环就完成了。我喜欢选用那些能与眼钉上的环的大小和方向一致的环，我确实有些挑剔，但是我喜欢这样的物件。

褶珠：在串珠作品中，对最后的褶珠进行冲压是压力最大的一个步骤，因为如果你出错了，那它就变回方形了。因此光线要好，不断练习，这样你才可以避免眼酸头痛。

卷盖：有了这些小东西，你才能完成作品。找到与你的设计相匹配的金属，他们会让不雅观的褶珠（或者是做工较差）磨光后变得光亮、专业、低调。我会使用4毫米的卷盖作为基本的材料，但是6毫米的卷盖能够遮住串珠时的线结。

项圈：坚硬的项圈是项链的基本材料，为项链设计搭建了基本框架。虽然它们看起来像项链，但是它们的尺寸更像是漂亮的短项链。要想串上珠子，就得旋开球头，当串完后，再把球头拧回去，轻轻地弯曲项圈，让它保持优雅的状态。

印花铭牌：形状各异的金属吊坠是非常有趣的构件，因此你可以尝试许多种形状。当然你可以对它们进行刻印，但不仅限于此，也可以对它们进行彩绘、表层氧化、丝线缠绕等。然后，你可以用金属打孔机将它们串起来。

扣环：我有很多种扣环，因为就珠宝饰品而言，一种尺寸的扣环难以满足所有的款式。除了各种金属饰面外，你需要用4毫米的扣环将垂饰与链子连起来，要想承重粗实的链子就需要口径达14毫米的扣环，其他的介于两者之间就可以。

工具

如果你注重珠饰，那就买一套基本的工具。工具越好用，珠饰做起来就越容易，成品也会更好看。

钳子：你需要两把钳子处理金属丝、打开扣环、打磨球头平针和串接链子。扁嘴钳和尖嘴钳是非常普遍的工具，但是哪种好用就用哪种。我实际上使用的是扁嘴钳和压线钳，因为它们钳嘴狭小、扁平。你要习惯一次使用两把钳子，因为你会经常这么使用。

圆嘴钳：要想打一些简单的环或者是缠绕环，就要反复用到这种钳子。当你能够手眼并用学会使用圆嘴钳，你就能打出大小相同的环，因此多用些金属丝去练习，因为金属丝价格低廉。

钢丝钳：我优先推荐你购买钢丝钳。选用一副刀片锋利、圆口的钳子可以让金属丝的剪切更为完美。

穿珠针：没有穿珠针的话，就不要做珠饰作品。只有这种极为纤细的针能穿过珠孔，不会让你陷于沮丧的串珠步骤中。这种穿珠针有一个可以折叠的针眼，很容易穿线，但要拿稳。

杯钻：这种工具用途单一，但是你可以用来做耳勾。剪切耳勾之后，你可以用杯钻将丝线两端打磨光滑。耳勾两端磨圆后，佩戴起来会更舒服。

金属打孔机：工艺品店里可以买到金属打孔机。这种简单的工具可以把硬币、压模制品和浇铸的金属制品串接起来，做成垂饰。你可以根据自己的需要随意打孔。

金属印花材料：买一把锤子和一块台板就可以制作简单的金属印花制品。除了用简单的、无衬线字体刻印字母或数集外，我会用各种能找到的材料制作有趣的印花制品，比如螺钉、螺丝刀、方钉等。市面上有各种可爱的金属印花制品，但是我喜欢用重复简单的印花来设计作品，比如你可以找一个旧的锡制品。

珠夹：简而言之，珠夹可以让穿线材料两端牢固，防止珠子脱落。当试戴的时候我也会在饰品中间使用珠夹。曾有一次在穿线的过程中珠子全部脱落了，所以当我串完三分之二的珠子后就会加一个珠夹。透明胶带也能防止灵活的珠子从丝线上脱落。

镊子：镊子对于精确性高的步骤来说非常重要，比如将珠子镶嵌在环氧树脂黏土上，因此你需要在工艺品店找到细尖儿的镊子，不要用浴室里常用的那种镊子。

心轴：当我需要让珠饰成环状时，我需要比例合适的圆环。心轴有各种尺寸，极小的心轴可以制作4毫米的圆环，大点的心轴可以制作精美的手链和戒指。

画笔：用一支细小的旧画笔就可以增色和上漆，要想达到最佳的效果就选用由自然鬃毛做成的画笔。

珠子

简单来说，珠子才是我喜欢珠饰的原因。我喜欢的珠饰都是一些小工艺品，比如用有趣的材料精心制作的工艺品，选用讨人喜欢的颜色和质地。正是由于珠子镶嵌完美，所以珠宝设计给人带来的刺激感从未过时。很酷吧?

无角方珠：这种珠子的刻面与光线完美契合，本身就很漂亮，但是也给整个设计带来了难度。将这种珠子串起来后，可以对大孔的珠子和卷盖起到间隔、填充、稳定的作用。

土耳其玻璃珠：我喜欢这些玻璃珠，因为每颗都不相同，并且是纯手工打造出来的。这些玻璃珠出自地中海的工匠之手，他们会利用户外烧窑中可再生的玻璃来制作珠子。缸号因珠子而异，因此要灵活些。

纸珠：纸珠是我一直都喜欢的一种珠子。用可再生的纸张卷制而成，然后涂上亮漆。你要敢于给这些珠子上色，并且每颗珠子都是独一无二的。这通常是发展中国家的女性谋生的一种方式。它们不仅是一颗颗漂亮的珠子，更是养家糊口的谋生之道。

天然珠子：每一颗天然的珠子都各不相同，这些珠子通常孔小，因此在选择穿线材料时，选用柔性金属丝或丝绸丝线效果最佳。

珠子通常是珠宝设计的点缀。选用你喜欢的珠子来替换!

可再生玻璃珠：我认为无光泽的可再生玻璃珠美感十足，我常常使用这种珠子。这种半透明感与其他的光泽交相辉映，在很多珠宝设计中的魅力得以彰显，给人带来一种意想不到的质感。

印度铜珠：这是珠宝设计中另外一种重要的珠子。印度铜珠亮度十足，是一种重要的金属材料，但还不至于抢风头。

籽珠：虽然日本的籽珠是珠宝首饰最佳的选材，但是我通常用捷克产的籽珠。捷克的籽珠缺乏个性，但就尺寸而言，是非常适合珠宝首饰的。

金银丝工艺品：漂亮的金银丝工艺品会给你的设计增添浪漫色彩，让作品光彩夺目。它们的花边图案与粗大的珠子和沉实的金属形成了鲜明的对比。

第一章

欧洲篇

在欧洲旅行，你会发现现代文化融合汇聚在了一起。斯堪的纳维亚国家思想进步，德国技术先进，西班牙追求时尚，法国一直都是时尚界的标杆。欧洲是一个充满活力、新鲜感和未来感的现代大陆，但也保留了大量的世界文化遗产。

我沉迷于欧洲传统的教堂、鹅卵石街道、桥梁以及喷泉。我尤其喜欢这些地标矗立的方式以及繁忙的现代生活气息。在欧洲大城市中旅行，你会被当地人低调的生活所吸引。可能你长途跋涉480千米只为目睹哥特式大教堂，但它只是当地人日常风景中的一部分。你可以和追求文化新体验、现代感和时尚的人一起游览欧洲宝贵的历史遗迹。

爱尔兰：

凯尔特式编结手链

在开启詹姆斯·乔伊斯之旅之前，我决定最后一天待在都柏林，游览这座城市，感受这里的“一日生活”。漫步在都柏林，我认为悠久的历史造就了这座城市，鹅卵石街道和耸立的教堂久经岁月、未曾褪色。这一切都成为了这座城市的靓丽景色。狭长的街巷宛如兔子洞，通向了酒吧和商店。虽然都柏林整座城市弥散着古老的气息，但是它也融合了诸多现代元素——外卖、交通、停靠在建筑物旁边抽烟的人们。

在都柏林，到处都可以发现凯尔特式编结，从墓碑到纹身，应有尽有。凯尔特式编结源于罗马艺术，后来演变出了鲜明的爱尔兰风格。复杂而连续的编织让人迷醉——几何图案中，直行格线与连续曲线相互交织，这种古老的设计风格现代感十足。《凯尔经》展示了1200多年前修道士的编织工艺，他们为福音书的注释文本进行了润色。这些抄写员从未被称作“艺术家”，他们在薄纸般的皮革上用彩色墨水进行书写。红黄暖色调色彩鲜艳，而靛蓝又映衬着紫红色。每一款奢华的设计上，都会用墨汁勾画出铁锈色的环圈，让整件作品的美感直抵人心。

这里着重呈现的凯尔特式编结手链体现的是现代化的凯尔特式编结，而不是《凯尔经》中的那些编结。这种设计更为简单，只需要将四根绳编织在一起。我选择用绿色来彰显爱尔兰的现代气息以及它的国家身份，逐渐地从青绿到翠绿、从墨绿再到青绿，不断地改变绿色色调，以增加趣味和层次。最后用一个古铜色盒型扣子来装饰整件作品，不仅仿出了凯尔特式编结的复杂性，也仿出了都柏林古老的魅力。

当我制作这样一件作品时，我通常要休息几次。虽然编织步骤本身很简单，但是你需要耐心才能确保绳子之间的间隔等分。对钩子另一端的褶珠进行冲压是比较难处理的，因为几乎没有空隙。将整个步骤分成几步来完成，这可以确保一件作品的质感不会因为最后的几个步骤而下降，或者你不会满屋子扔的都是这样的成品，尤其是当你完成的作品看上去很漂亮的时候！

材料

1个7孔的古铜色盒型扣子

150粒棱长3.3毫米的古铜色无角方珠

124粒棱长4毫米的亚祖母绿玻璃方珠

175粒棱长4毫米的亚水鸭绿玻璃方珠

14粒棱长2毫米的古铜色褶珠

1条4.9米长的柔性串珠金属丝

工具

胶带

钢丝钳

压线钳

成品尺寸

18厘米（长）×2.5厘米（宽）

1.用钢丝钳将柔性串珠金属丝线剪成8段，每段长61厘米。

2.打开扣子，将扣子的一端黏到工作台上，另一端留在第十步使用。

3.将扣子的孔依次从左向右进行编号。将金属丝从褶珠中穿过，从第一个孔穿出，再从褶珠穿回，进行冲压（**如图1**）。依次重复2号、3号、4号、6号和7号孔（5号孔编织方法不同）。

4.在第一段金属丝上依次串1粒古铜色无角方珠，7粒亚祖母绿玻璃方珠，35粒亚水鸭绿玻璃方珠和9粒亚祖母绿玻璃方珠（**如图2**）。在金属丝一端用一小段胶带粘住，确保丝线上的珠子牢固、紧实。然后将其放在一边。

5.按照下列顺序依次重复2号、3号、4号、6号和7号丝线（**如图3**）:

2号丝线：1粒古铜色无角方珠，9粒亚祖母绿玻璃方珠，30粒亚水鸭绿玻璃方珠和12粒亚祖母绿玻璃方珠。

3号丝线：1粒古铜色无角方珠，12粒亚祖母绿玻璃方珠，26粒亚水鸭绿玻璃方珠和14粒亚祖母绿玻璃方珠。

4号丝线：1粒古铜色无角方珠，10粒亚祖母绿玻璃方珠，29粒亚水鸭绿玻璃方珠和10粒亚祖母绿玻璃方珠。

6号丝线：1粒古铜色无角方珠，12粒亚祖母绿玻璃方珠，24粒亚水鸭绿玻璃方珠和12粒亚祖母绿玻璃方珠。

7号丝线：1粒古铜色无角方珠，7粒亚祖母绿玻璃方珠，31粒亚水鸭绿玻璃方珠和10粒亚祖母绿玻璃方珠。

6.将一段柔性串珠金属丝穿过褶珠，然后穿过盒型扣子的5号孔，之后再穿回褶珠，进行冲压。重复此步骤，让两段金属丝穿过5号孔。

7.将第一段金属丝系在5号孔上，串69粒古铜色无角方珠。在金属丝的一端粘上胶带，确保珠子牢固、紧实，将其放在一边。重复此步骤，将第二

图1
图2
图3
图4
图5
图6

段金属丝系在5号孔上，但是首先要将金属丝从第一段金属丝的第一粒无角方珠中穿过（**如图4～6**）。继续串68粒古铜色无角方珠。

8. 将8段串珠丝线全部平放，其中1号和2号丝线放在最左边，3号和4号丝线居中靠左，5号两丝线居中靠右，6号和7号丝线放在最右边（**如图7**）。

9. 在一个四线编状物中进行编织，从5号两丝线开始，从3号和4号丝线下穿过（**如图8～12**）。

10. 完成编织后，捋平丝线。整个织品要平整，每段丝线都有相应的“双轨丝线”。织品长约18厘米。按照步骤8中开始位置所需的数量将串珠丝线按照下列顺序排序，从左向右依次为：1号丝线、2号丝线、5号两丝线、3号丝线、4号丝线、6号丝线和7号丝线。

11. 在1号丝线上串1粒古铜色无角方珠，然后将柔性金属丝穿过褶珠，穿过第二个扣子的1号孔，再穿回褶珠，进行冲压。重复此步骤，完成剩下的串珠丝线，丝线穿孔顺序依次为：2号孔、4号孔、5号孔、6号孔和7号孔。3号孔在这个扣子上的处理方法不同。

12. 在最左边的金属丝上串1粒古铜色无角方珠，将柔性金属丝穿过褶珠，穿过第二个扣子的3号孔，再穿回褶珠，进行冲压。将最右边的柔性金属丝从最左边的金属丝的最后1粒无角方珠穿过，穿过褶珠，穿过3号孔，再穿回褶珠，进行冲压。

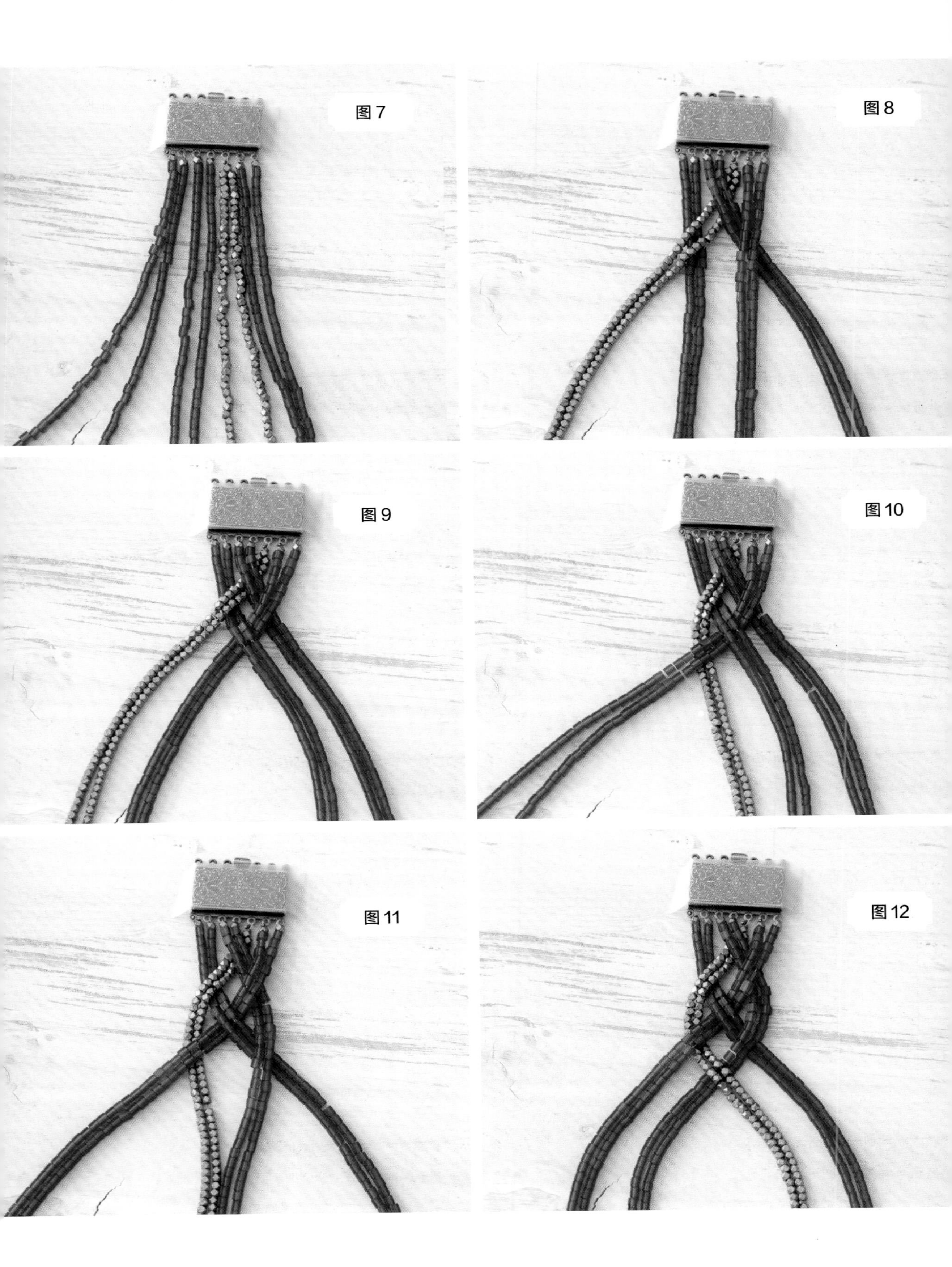
图 7
图 8
图 9
图 10
图 11
图 12

波兰：

波兰陶制耳环

我们沿着金色麦田旁的车辙印驱车行驶，远离了市内拥挤的交通。马利克正开车带我前往他的姑姑家，因为他认为我会喜欢他姑姑搜集的陶制品。当我们坐在苏联式汽车里颠来颠去时，我被农田那种纯粹景色所吸引：蔚蓝的天空、金色的麦浪、郁郁葱葱的树木点缀着整幅画面。

农舍有厚厚的卷盖屋顶，刷白的墙壁，谷仓旁拴着两匹马。阿里加身材矮小，年事已高，面颊圆润，她微笑地说道："进来，进来。"然后她带我们回了屋。阿里加为我们倒茶的时候，马利克向我展示了碟子、茶托和茶杯。这些茶具上涂满了钴蓝色和乳白色圆点。他拿起一只碟子，然后介绍："你看，这种黏土来自西里西亚，是一种优质的黏土。你看，是不是很漂亮。"我同意地回应道："真是很漂亮啊！"

我问道："她最喜欢的饰品是哪一件？"他用波兰语问阿里加，然后她从架子上拿了一只碟子，摆放在我的面前。这只碟子边缘画了几排蓝色圆圈，每一排圆圈中布有曲状的鼻烟色圆圈。她微笑着给马利克讲故事，突然泪流满面。当她讲完后，马利克翻译给我听：在阿里加七岁的时候，她最爱的姨妈去了美国。她的姨妈非常漂亮，阿里加很喜欢她。这些碟子本是阿里加计划送给她的礼物。在她姨妈离开的前一天晚上，她从箱子里取出了一只碟子。她以为当她姨妈到了美国后发现少了一只碟子的话，就会回来取它。阿里加说着这个失败的计划时笑了笑，耸了耸肩。我微笑着点了点头，极力抑制眼睛里打转的泪水。我告诉马利克："请你告诉她，我认为这主意很棒。"

对于受到这些瓷制品启发而设计的耳环，我选择细小的象牙骨珠是因为它们具有乡村气息，并呈现奶油色。如果你喜欢清一色的珠子，那么我推荐你用不透明的6°日本籽珠，用曼荼罗样式的银币珠子编织成圆圈。虽然这并非是波兰风格的设计，但是我认为这种同心圆点正是我所寻找的波兰风格。虽然每一部分都不起眼，但却使得整体的设计风格多了一份雅韵。

材料

一对有装饰性的纯银耳勾
1粒直径12毫米、带图案的镀银币珠
26粒直径3毫米的贝珠
34粒6° 亚光海蓝色籽珠
70粒11° 亚金星云深蓝色籽珠
1.8米长的串珠丝线
S海波黏合剂

工具

穿珠针
剪刀
两把钳子（用于打开和闭合耳勾）

成品尺寸

长2.5厘米x宽2.5厘米，包括耳勾。

1.留出一段15厘米长的尾线，穿珠针从银币珠穿过，按照同一个方向反复穿两次，形成两段丝线。先将两段线沿着银币珠的一端固定下来。再将丝线沿着珠子半边转180°。这就是你穿珠用的主线（**如图1**）。

2.用穿珠针串2粒贝珠，然后将它们垂直地固定在银币珠边缘。穿第一粒贝珠时保持固定，穿第二粒时倒置过来。用丝线从外端将两粒珠子串起来（**如图2和图3**）。拿着贝珠，将针从主线下穿过，从前向后穿。再从银币珠边缘开始，将针穿过第二粒贝珠，置于银币珠的边缘。拉紧丝线，让主线紧贴在珠子边缘（**如图4**）。在串第一圈珠子时你必须始终拉紧丝线，将其贴在珠子边缘。

3.用穿珠针再串1粒贝珠，将其置于紧贴第二粒贝珠的右边（**如图5**）。这粒珠子和接下来的每粒珠子都要倒置过来。拿着贝珠，将穿珠针从主线下穿过，从前向后穿。再从银币珠边缘开始，将针穿过贝珠。再重复4次，直到在银币珠半边穿六到七粒贝珠（**如图6**）。

4.穿珠针从银币珠穿过一次后，按同一方向再穿两次，形成两段丝线。将这两段线固定在银币珠的另一边，并沿着珠子的另一边转180°。这就是另一边的主线，然后你要回到开头的位置。

5.穿珠针从第一粒珠子的边缘穿到外端。

6.必要时可以将其反过来，重复步骤3，完成剩下的6粒或7粒贝珠，最后将丝线从第一粒贝珠穿出来（**如图7**）。

7.开始串第二圈珠子时，用穿珠针串2粒6° 亚光海蓝色珠子（**如图8**），将其置于第一排的贝珠上。拿着海蓝色珠子，针从主线下方从前向后穿，然后从第二粒亚光海蓝色珠子开头穿过。继续此步骤，大约穿17粒海蓝色珠子，丝线从第一圈的连接丝线中穿过（**如图9与图10**）。

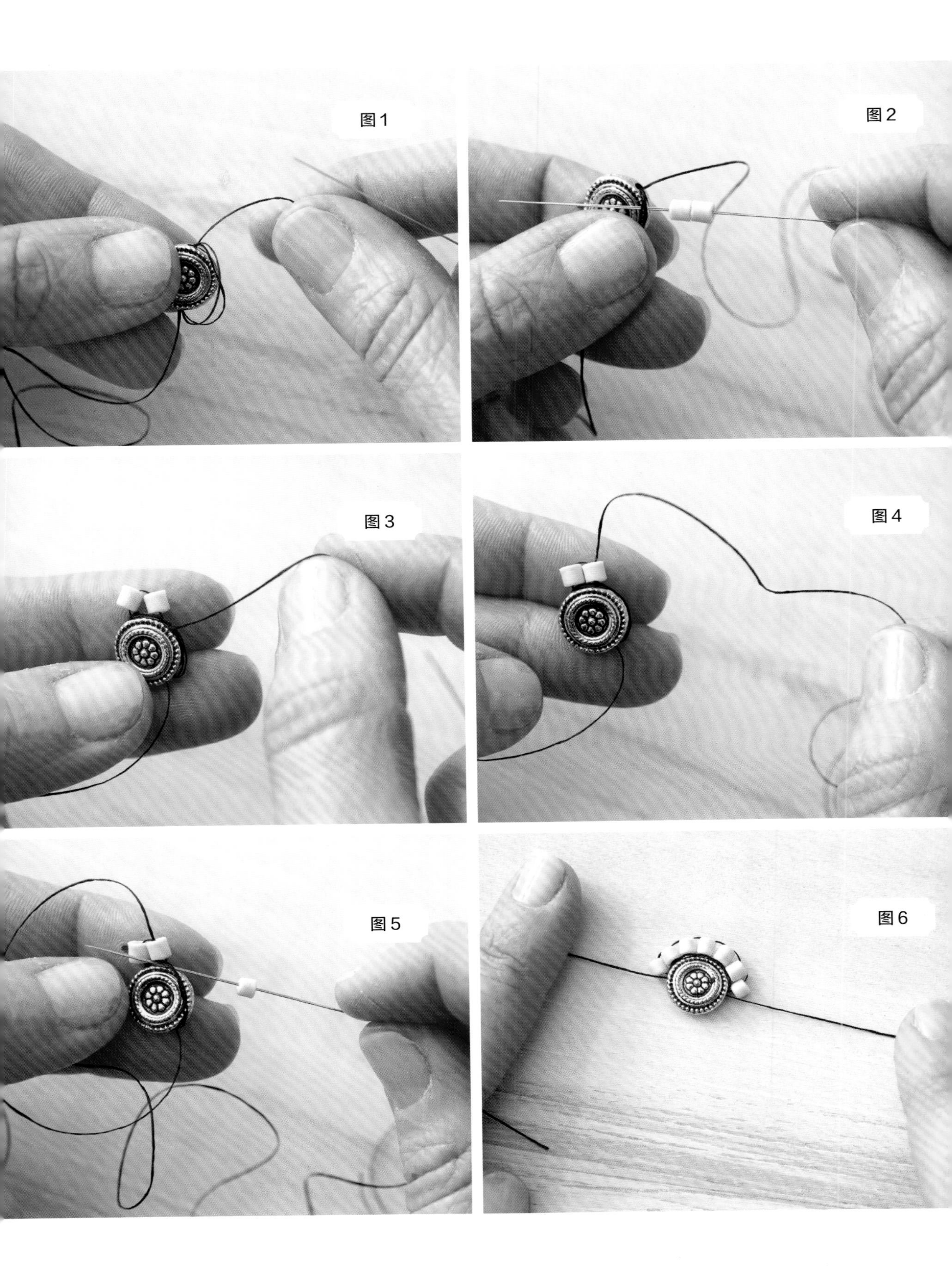
图1
图2
图3
图4
图5
图6

8.第三圈，重复步骤7，需要使用35粒6° 亚光深蓝色珠子。

9.在5粒珠子上方系半结（参见137页），确保丝线紧实。从珠子中穿过丝线，然后用剪刀紧贴着剪掉线头。

10.重复步骤1～9，完成第二只耳环。

11.用两把扁嘴钳打开耳勾上的环，丝线一端从一圈珠子中穿过，用半结加以固定（**如图11**），用钳子将环闭合。重复此步骤，完成第二只耳环。

12.在平整的表面上，往中间的盘珠周围挤些黏合剂，固定贝珠，让黏合剂一直流到银币珠的边缘（**如图12**）。重复此步骤，完成第二个盘珠，然后让其风干。

图 7
图 8
图 9
图 10
图 11
图 12

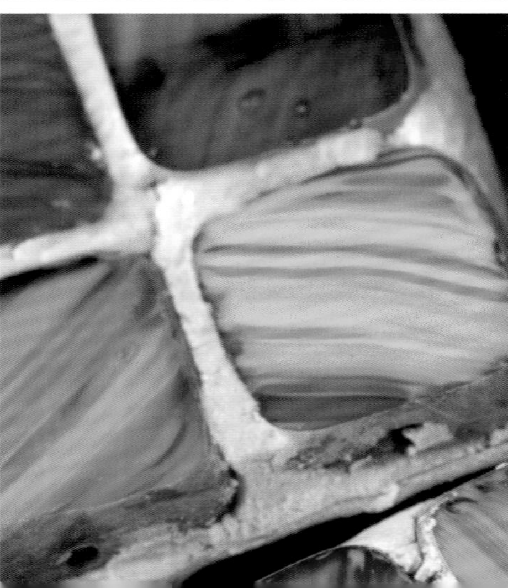

西班牙：

高迪瓦片手链

在一条狭窄的砖头路不远处，我们坐在桌子旁，吃着几碟小菜，喝了几罐啤酒。米格尔和皮拉尔一生都住在巴塞罗那，我们正在谈论奎尔公园。

“你们喜欢奎尔公园的哪一点？为什么你们经常去那儿？”我问道。

“它是典型的加泰罗尼亚风格。你知道吗？高迪的作品灵感就是源于此地。”米格尔自信地说道，“它给人一种非常熟悉的感觉，我认为你会喜欢的！”

安东尼·高迪受命去设计并建造一座公园，让人们忽视巴塞罗那的城镇化进程。奎尔公园于1914年竣工，今天已经成为了世界上最受欢迎、最为成功的城市花园之一。这座奇特的公园体现了高迪超现实主义的现代巴洛克风格，表面由马赛克瓷片拼接而成，而不是瓦砾。奎尔公园就是一个色彩斑斓的乐园。

破碎的瓦砾砌叠在一起，改变了最初的花卉图案，抑或是与其他瓦砾完美地交叠在一起。看上去很整洁，并非我想象的那样凌乱。瓦片之间灌上了青灰色的水泥浆，与五颜六色的瓷砖形成了鲜明的对比。让人惊讶的是，这种拼接显得无比和谐。当金色的余晖划过整个城市上空时，影子也装点了整座公园。片刻前的一片白色也变成了如今充满生机活力的铁蓝色。红黄绿三种颜色的瓦片色度饱满。在巴塞罗那美景下，米格尔和皮拉尔在姜饼门房前拍了一张自拍。他们依偎在一起，带着太阳镜，露出微笑的表情。我很好奇高迪是否知道奎尔公园会给人这样一种感觉？这是一个多么棒的广场啊，一个多么让人心情愉悦的广场啊！

捷克的玻璃珠很容易让人想到高迪的拼接马赛克艺术。这款手链的基底，我会选择工艺品店里的嵌槽链，因为它们是这款设计的最佳选材。但这些嵌槽链太小，无法装下我选的4粒8毫米的方形瓦片珠，所以我必须临时创改。我用扁嘴钳打开嵌槽链，这样可以做成更宽的基底，虽然麻烦，但还是值得的。如果你选择更小的瓦片珠，就不需要担心这一步了。

材料

将28粒棱长8毫米的平面方形捷克玻璃珠
当作瓦片珠
5克双组银色环氧树脂黏土
1条18毫米（长）×18毫米（宽）的方形嵌
槽链

工具

塑料小刀
纸巾
扁嘴钳（用于打开嵌槽）

成品尺寸

18～23厘米（长）×2厘米（宽）

1.可选步骤：如果你的珠子无法平置于嵌槽底部，那就用扁嘴钳剪开槽口，让底部变大（**如图1**）。先从槽角开始，然后轻轻地将槽壁拉开。

2.计划好珠子的位置，然后把你喜欢的珠子放进去（**如图2**）。

3.切两片镍币般大小的树脂黏土和硬化剂（**如图3**）。按照生产商的说明，将双组环氧树脂黏土混合，直至完全融合。

4.剪一块橡皮擦大小的混合环氧树脂黏土。用手将黏土摁进嵌槽底部，完全覆盖底部（**如图4**）。

5.将4粒瓦片珠摁进环氧树脂黏土中（**如图5**）。用手往珠子周围摁一些环氧树脂黏土，填满空隙。

6.剪一小块黏土，然后搓成2.5厘米长的条状。用这一长条状的黏土填塞到4粒瓦片珠之间的缝隙中（**如图6**）。

7.重复步骤4～6，完成剩下的6块嵌槽。

8.用一点点水打湿纸巾。将瓦片珠表面多余的环氧树脂黏土擦除，再将黏土上的指纹或其他印记清理干净（**如图7**）。

9.放置在安全的地方至少24个小时。

10.将手洗干净。

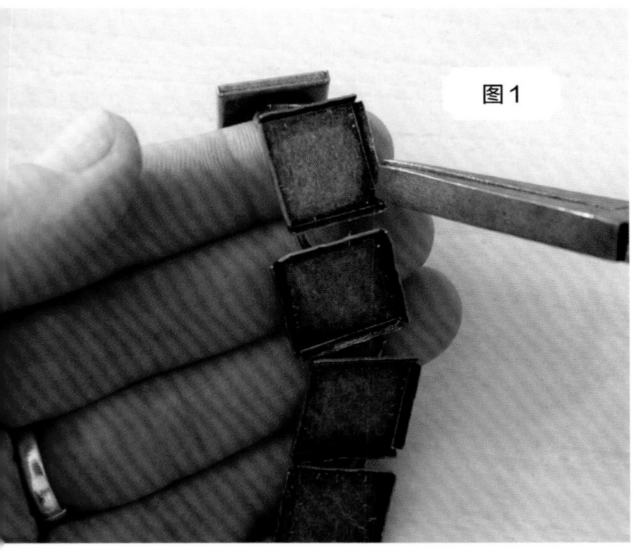
图1

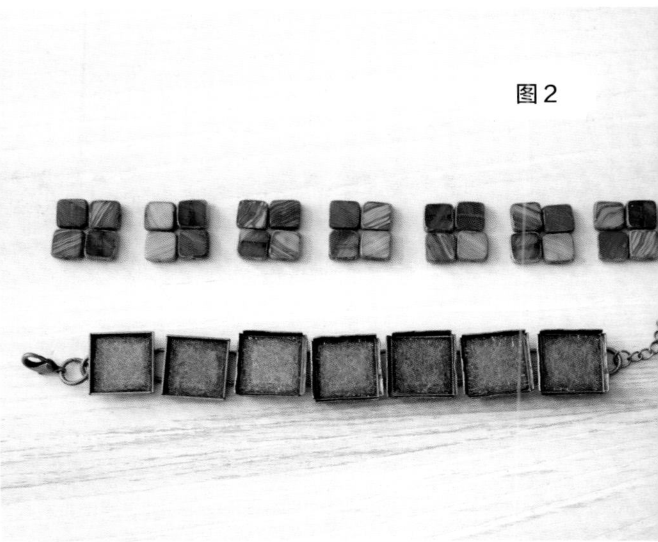
图2

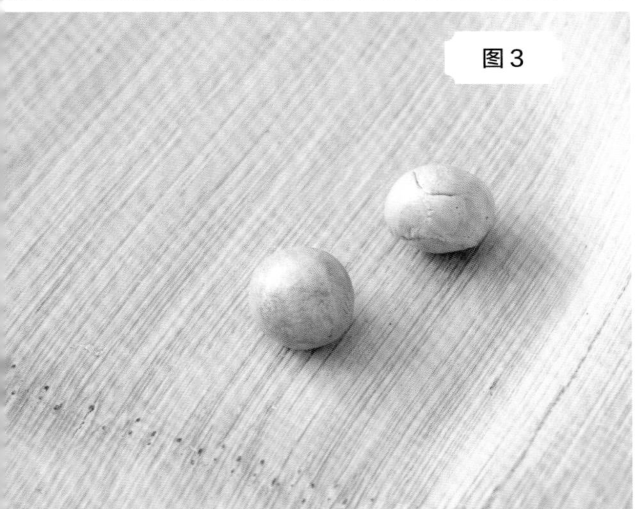
图3

图4

图5

图6

图7

挪威：

银链圈式项链

虽有夜半太阳相伴，但我们还是感受到了峡湾中袭来的寒意。此时的天空布满了紫红色，虽至黄昏，光色依旧明亮。周围古老的山脉环绕，久远而又罕见。此地此景充满了一种神秘感。挪威神话里说，那些地精在熟睡或死去时会变成巍巍山脉。在这样一个拥有古老山脉的神秘之地，我可以在夜半太阳下畅游。

今天早些时候，我先是乘坐了高山火车，然后经过了一段上山徒步路段，最终到达了我表妹艾菲的家中。艾菲是我最喜爱的一位表妹，她自己独自经营着一家农场。她身材不高，非常勤快，招待我们很贴心。她摆了一桌的小面包、农家干酪和蓝莓酱，我们在吃午餐的时候，她还在挤牛奶。我没有开玩笑。艾菲是维京人，如此的沉着冷静，也能吃苦耐劳！

当我聊起编织的话题时，说到很喜欢她戴的胸针。我也认出了这枚精致的银胸针，说道："哦，是条银项链！"我小时候受洗时我的祖母也给了我一枚类似艾菲那样的小银胸针。银项链是一款经典的挪威风格首饰，开口的环圈象征着太阳，胸针周围悬挂的金银丝，就像是钟表里的数字一样，而每条金银丝又挂着一颗闪亮的饰片或匙状的饰片，摆动的时候就像是山杨树叶。

"艾菲，我有一条类似这样的银项链。它是太阳的意思，对吧？"我问她。

"哦，我猜是的。"她回应道，"但其实是为了对付胡尔德拉人。"

"什么？"我问道。

她面对我的无知扑哧一笑，重复道："胡尔德拉人，他们是游荡在全国的恶灵，专门偷小孩儿。我们带着银项链是为了保护自己不被他们掳走。"

"那我们当然得戴啊！"我说道。

这种双线的项链虽然是在不锈钢的调色板上完成的，但的确技艺出色，别具一格。最短的一层是链圈，改编自拜占庭风格。开始有点难，但是重复几次后你就会明白，编起来也就快啦。建议直接去找会制作项链或有制作视频的朋友，因为真实场景下更容易学会。项链制作不复杂，较长的一层会更为容易些。银链般的饰片与整条项链形成了鲜明的对比。

材料

148个直径4毫米的18号不锈钢扣环（A）
22个直径5毫米的16号不锈钢扣环（B）
1粒12毫米的不锈钢龙虾扣
1条5毫米（长直径）×4毫米（短直径）的总长度为43厘米的不锈钢椭圆链
17个直径8毫米的镀镍圆形铭牌坠饰
17个直径4毫米的不锈钢开口扣环（C）

工具

扎线
两把钳子（用于打开和闭合扣环）

成品尺寸

68.5厘米（长）

1.用两把钳子将所有A环全部打开。

2.为了制作出拜占庭风格的链圈部分，要将2个扣环与另外2个扣环相连，然后将开口闭合，做成2-2式编链。将扎线穿过前两个扣环，这就标志着链圈制作过程的开始，也更容易编织（**如图1和2**）。

3.将第二组的2个扣环朝着扎线回翻，沿着第一组环形成V字形（**如图3**）。现在，编织第一组扣环的非扎线一端，将4个扣环串接到前两个扣环（**如图4和5**），然后将开口闭合。

4.将2个扣环在串接到4个扣环中，然后将开口闭合（**如图6**）。

图1
图2
图3
图4
图5
图6

5.将2个扣环串接到这两个扣环中，然后将开口闭合（**如图7**）。

6.将第二组的2个扣环朝着扎线回翻，沿着第一组的4个环形成V字形（**如图8**）。现在编织这组的2个环，将4个环串接到前两个环上（**如图9和10**），然后将开口闭合。

7.步骤3～6再重复13次。

8.将第二组的2个扣环朝着扎线回翻，沿着第一组环形成V字形。将4个扣环串接到前两个扣环上，然后将开口闭合。

9.回到扎线一端，将扎线去掉。将4个扣环串接到第一组的2个环上，然后将开口闭合。

10.用两把钳子将所有B环打开。

11.将2个A环串接到链圈一端的4个B环上，将开口闭合。

12.将2个A环串接到2个A环上，形成2-2式编链，然后将开口闭合。此步骤再重复15次。

13.在链圈的另一端重复步骤11和12。

14.将1个A环环串接到2-2式编链中一端的2个环上，形成1-1式编链，然后将开口闭合。此步骤再重复37次。

15.将1个A环串接到2-2式编链中另一端，形成1-1式编链，然后将开口闭合。此步骤再重复37次（**如图11**）。

16.在1-1式编链的一端加一个龙虾扣，然后将开口闭合。

17.用两把钳子将所有C环打开。

18.从不锈钢椭圆链的中间位置开始，加1个镀镍圆形铭牌坠饰，将1个C环与链子连起来，然后将开口闭合。

19.按此方式，从中间的链环开始，每连接4个扣环就增加1个镀镍圆形铭牌坠饰。

20.将链圈部分放平整，小心不要让链圈扭转。将带有镀镍圆形铭牌坠饰的链子部分放平整，小心不要让链子扭转（**如图12**）。

21.用两把钳子将1-1式链圈的第12个链环打开，从一端串接到2-2式链圈部分。再串在镀镍圆形铭牌坠饰链的一端，将开口闭合。重复此步骤，完成不锈钢部分和链圈部分另一端的第12个链环。

图 7
图 8
图 9
图 10
图 11
图 12

乌克兰：

维希夫卡手链

听老人讲了二十分钟后再说“我不会说乌克兰语”似乎有点晚了，但是我认为这不重要。这不是喝茶时的闲聊，而是关于乌克兰刺绣的谈话，因此我听得非常投入。她拿着件刺绣衬衫，热情洋溢地向我讲述，一边解释，一边劝诫（我认为是）。当她讲到某一元素然后解释时，我瞪大眼睛，连忙点头表示认同，虽然我也不知道那是什么。

看着这件巨作，很容易欣赏这件经典的乌克兰针织作品，即使我不理解她的训诫。这件巨作上有几何图形，针法精准，两边对称，呈格子状，组合在一起达到了花边效果。精美的图形组合在一起构成了10厘米宽的花带，对衬衫的边儿起到了装饰作用。红色和黑色的丝线突显了白色的亚麻线。她指着花带中间靠下的位置上反复出现的一副巨型钻石图形，然后解释了起来。在每一颗钻石中间都有一个十字架，每一边都是由两个尖角形成，像是挪威人毛衣上的雪花图形。雪花十字架图形周围环绕着从钻石内壁突出的弯钩，而钻石外侧则装饰着小的齿饰带，用来增加外缘的柔和度。其他钻石中间的十字架要小一号，边缘细小的齿状裁边就像是篱笆上的尖木桩。钻石与钻石之间的缝隙采用简单的交叉针法来缝合，无数针细微的针法就像是玻璃窗上的霜花，简直美极了！

当她完成后，轻靠在椅背上，对教导我感到心满意足，但也有点疲惫。我不知道该怎么做，因此我用英语大声地告诉她：“乌克兰刺绣非常精巧，这就是巨作啊！”

“是的！”她说。

我想我们的看法是一致的。

或许用砖型针法制作的珠饰复制品能体现这种刺绣之美，我决定尝试用各种形状和不同大小的珠子来体现这种刺绣的繁复之美，而不是为了精准地阐释乌克兰刺绣。这条手链的关键在于泰国高山地区阿卡族人使用的腰带样式。他们的钻石图样与刺绣的钻石图样相仿，是整件饰品的焦点。四叶饰珍珠母代表了十字架，而红珊瑚珠代表了这种红色刺绣简单而大胆的色调。

材料

36粒8毫米（高）×直径3毫米有刻面的红珊瑚桶珠
570粒6° 亚光红籽珠
26粒直径10毫米的四叶饰珍珠母
46粒直径5毫米的古铜色无角方珠
10粒棱长20×20毫米的古铜色阿卡带链方牌
102粒直径4毫米的红珊瑚圆珠
112粒棱长2.5毫米的古铜色无角方珠
38粒棱长3.3毫米的古铜色无角方珠
3.5米长的古铜色记忆丝
20厘米长的18号生铜方丝

工具

记忆丝钳
圆嘴钳

成品尺寸

18厘米（长）×5厘米（宽）

1.用记忆丝钳将记忆丝剪为15段，每段长23.33厘米。

2.用圆嘴钳将每段记忆丝的一端做成单环（参见134页）。

3.有刻面的珊瑚层（A）：在一段记忆丝上串3粒直径2.5毫米的古铜色无角方珠，1粒有刻面的红色珊瑚桶珠和1粒直径2.5毫米的古铜色无角方珠串共17次，然后串3粒直径2.5毫米的古铜色无角方珠，将记忆丝的自由端做成单环。重复此步骤，完成另一段记忆丝。

4.籽珠层（B）：在一段记忆丝上串95粒亚光红籽珠，用圆嘴钳将记忆丝的自由端做成单环。重复此步骤，完成另外5段记忆丝，共完成6个籽珠圆环。

5.四叶饰珍珠母层（C）：在一段记忆丝上串11粒直径2.5毫米的古铜色无角方珠，1片四叶饰片和1粒直径2.5毫米的古铜色无角方珠串共12次，然后串11粒直径2.5毫米的古铜色无角方珠。用圆嘴钳将记忆丝的自由端做成单环。再重复1次。

6.珊瑚圆珠层（D）：在一段记忆丝上串51粒红珊瑚圆珠，用圆嘴钳将记忆丝的自由端做成单环。按此步骤，完成另一段记忆丝。

7.古铜色无角方珠层（E）：在一段记忆丝上串42粒直径5毫米的古铜色无角方珠，用圆嘴钳将记忆丝的自由端做成单环。

8.阿卡带链层（F）：在一段记忆丝上串1粒直径5毫米的古铜色无角方珠，在10条阿卡带链的一边，然后串1粒直径5毫米的古铜色无角方珠。用圆嘴钳将记忆丝的另一端卷成单环。在一段记忆丝上串1粒直径5毫米的古铜色无角方珠，在10条阿卡带链的另一边，然后串1粒直径5毫米的古铜色无角方珠。用圆嘴钳将记忆丝的自由端做成单环。

9.用钢丝钳将18号生铜方丝剪成2段，每段长10厘米。

10.用圆嘴钳将每段丝线的一端做成单环。

11.将完成的记忆丝层的开口按照以下顺序排列：A，B，B，C，B，D，E，F，D，B，C，B，B，A。将第一层一端的圆环串起来，然后串1粒棱长3.3毫米的无角方珠。重复此步骤，交替完成前七层，并相应地串上棱长3.3毫米的无角方珠。然后将阿卡带链层（F）的一个圆环串起来，串6粒棱长3.3毫米的古铜色无角方珠，再将第二个圆环串起来。继续交替串棱长3.3毫米的无角方珠，然后把最后卷成圆环的那一层串起来。重复此步骤，将完成的记忆丝层的前两个圆环串起来，用圆嘴钳将紧挨最后一个圆环的每段记忆丝上的自由端做成单环（**如图1**）。

12.将两端扣起（**如图2**）。

图1

第二章

亚洲篇

在本章中，你无法欣赏到整个亚洲的设计风格。因为亚洲大陆如此广阔（并且由许多次大陆组成），我们很难从众多设计灵感中挑选一二。远东地区的日本、韩国、南亚和中东地区的风格肯定大不相同，下决心选择亚洲的珠宝设计就如同从一顿丰盛的大餐中选几样菜品一样。我选择了那些能够体现日本人注重细节和曼谷喧闹的街头文化的珠宝设计，但也没有忘记兴都库什山地区游牧民族的古老艺术。本章向你呈现的优秀设计着重体现了亚洲珠宝设计的多样化。亚洲的珠宝设计风格迥异，亚洲当地风情亦是如此。

泰国：

曼谷街头项链

漫步在曼谷街头，我脑子里只想着一件事，就是热。我希望雨季快点到来。当我扇着扇子摇晃地走在街上时，我看见街道对面的一位老妇人在默默织着什么。她面前的小矮桌上摆着好几排东西，看上去很不起眼。而我为了寻找珠宝，穿过街头的时候还差点被骑摩托车的人扒窃财物。

这是珠宝，她用的金属丝让我想起了友谊手链。在一个带有深棕色和黑色的普通调色板里，有几条编织整齐的亚麻线和拧在一起的绑尾带。她的头微微朝向一侧，没有抬头看。她的手法很快，将黑色的线搭在黑色的线上，打了个半结和平结。有时候她会将1粒珠子向上滑动，然后用另一个结将其固定住。我喜欢这种简单的手链，因为简单的设计和最少的材料让手链尽显低调且优雅。

她突然解开这条手链，打了个结，将两端的线用小剪刀剪掉。我想要那一条。

“50铢？”我大声问道。她没有回答我，所以我从口袋里掏出了钱，然后拿给她。“50铢？！”她继续编下一条手链，剪了同等长度的深棕色亚麻线。“这些要出售，对吗？”我问道。“是的，50铢。”她说道，而没有抬头看。我放下钱，拿起了我要的新手链。我喜欢编结使用的亚麻线、均匀的松紧度以及线旁铜珠闪闪发亮的样子。这位老人快速地编着结，从不抬头看一眼。天哪，她是那么的淡定。

这款项链是一种编织珠宝，购买者来自世界各地。工匠们使用廉价的材料来生产大量低廉的珠宝，以赚取微薄的收入。我将这款珠宝称为“街头珠宝”，工匠们生产的珠宝虽不起眼，但是很精巧，卖给了来自世界各地的游客。我们很容易因为这款珠宝低廉的价格而瞧不上它，但是我发现它的制作很精美。我喜欢街头珠宝展现出来的这种创造力。买一条街头珠宝，向匠人请教一二，总是能够学到很多。对于这款曼谷街头项链，我使用了上蜡的亚麻线和低廉的铜珠。有创造力的、自信的匠人和普通的材料让这种设计非常抢眼。请做好摘下来的准备，让那些羡慕的人好好欣赏吧。

材料

3.5米长的黑色上蜡亚麻绳
46粒6毫米（长直径）×4毫米（短直径）的古铜色米珠
9粒8毫米（长）×4毫米（宽）的古铜色长方珠
81粒棱长3.3毫米的古铜色无角方珠
1只直径10毫米铜铃

工具

胶带
剪刀

成品尺寸

51厘米（长）

注意：将三条绳分别编为A、B、C。A为主绳，B为中等长度的扇贝绳，C为更长的扇贝绳。

1.用剪刀将黑色上蜡亚麻绳剪为3段，每段长122厘米。在亚麻绳一端20厘米的位置用单结（参见136页）将三条绳系在一起。在表面用胶带固定住亚麻绳头。

2.在三条绳上串一粒米珠。右手拿住A绳，用B绳和C绳系一个半结（参见137页）。再重复12次（**如图1**）。

3.在A绳上串1粒8毫米（长）×4毫米（宽）的古铜色长方珠（**如图2**）。

4.在B绳上串1粒棱长3.3毫米的古铜色无角方珠，1粒古铜色米珠和1粒棱长3.3毫米的古铜色无角方珠。右手拿住A绳，用B绳系一个半结（**如图3**）。

5.在C绳上串7粒棱长3.3毫米的古铜色无角方珠。右手拿住A绳和B绳，用C绳系一个半结（**如图4**）。

6.重复步骤3～5，共8次，再完成8条亚麻绳。

7.重复步骤2，串上3粒打结的米珠。

8.在三条绳的绳头系上铜铃，然后打几个结固定住（**如图5**），用剪刀紧贴着将绳尾剪掉。

9.在另一端，用C绳在A绳和B绳处打一个半结（**如图6**）。将最后1粒米珠串到C绳，然后用剪刀紧贴着剪掉绳尾。

10.右手拿住A绳，用B绳系一个约2.5厘米长的半结（**如图7**）。将打结的部分圈成圆环，使其刚好能套在铜铃上（**如图8**）。用A绳和B绳打三个紧实的平结固定住（参见137页），用剪刀紧贴着将绳尾剪掉。

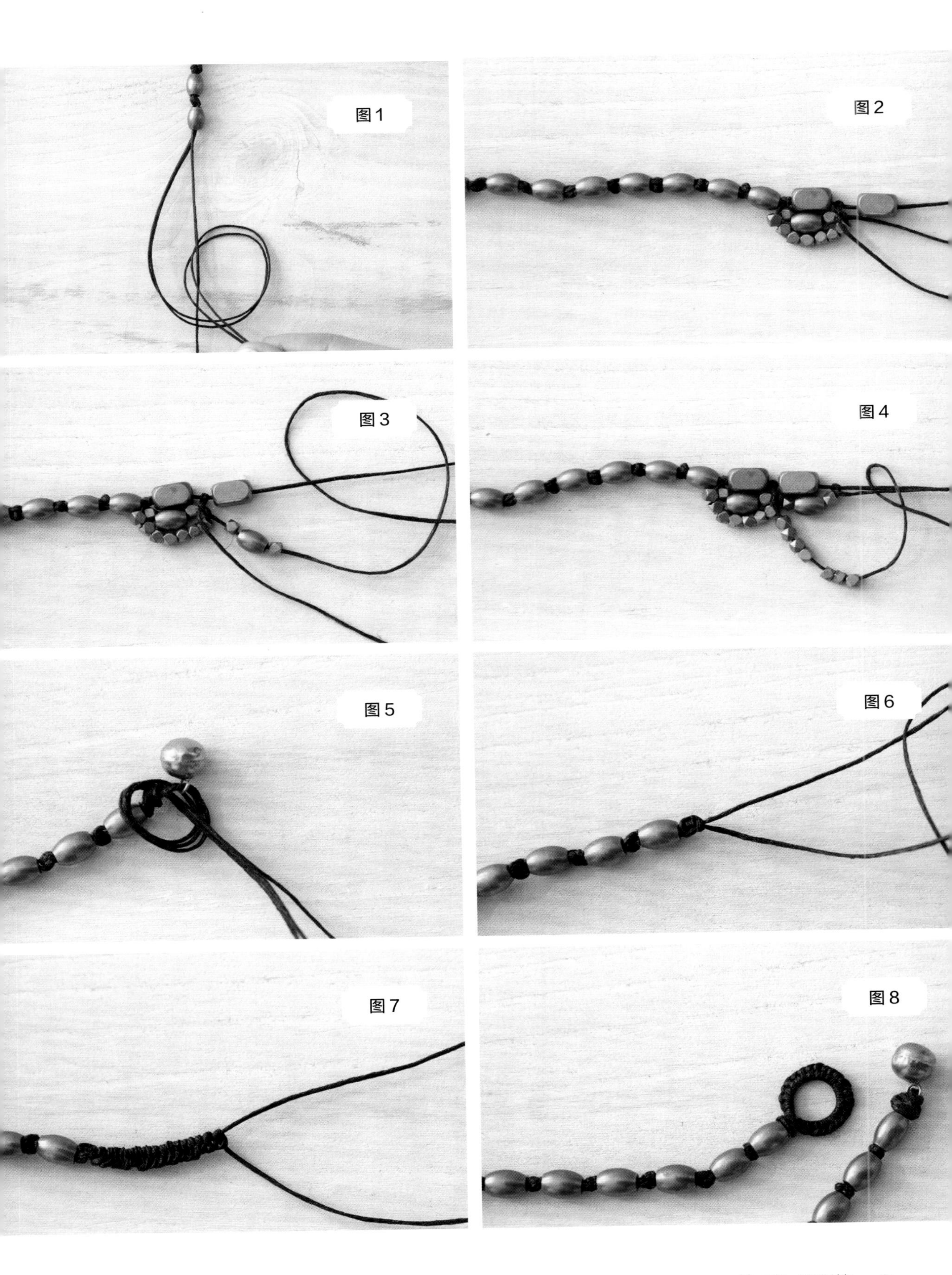
图 1
图 2
图 3
图 4
图 5
图 6
图 7
图 8

REPUBLICA
HONDURAS
2007

日本：

鹅卵石手链

在红枫树的遮蔽下，岩石公园静谧、美好，那一刻就像是从平静的梦乡中偷来的一样。巨大的、扁平的鹅卵石包裹在丝绒般的青苔里，看起来就像是一只只海龟。青苔呈黄色、金色、绿色，由于青苔长得繁茂，鹅卵石变成了小土堆，土堆外缘摸起来柔软、顺滑。

在花园中间有三块巨大的灰色鹅卵石，呈锯齿状，其中两块巨石高大、一块低矮，看上去像是陡峭的岗哨上把守的哨兵。外表粗糙的岩石与周边长满青苔的岩石形成鲜明的对比。花园的布局很简单，像是某位花匠按照岩石原来的样子铺设的。但实际上这种布局艺术很高雅。颜色、空间与形式搭配很讲究，具有一种令人惊叹的美。

在每块中心岩石的周围都是好几圈鹅卵石，就像是湖面泛起的涟漪，看上去非常质朴、完美无瑕。这些微微闪光的鹅卵石将粗糙褶皱的岩石和布满青苔的大圆石连接了起来，像是平静的大海在抚慰着岩石的忧伤。数千年来，鹅卵石的作用就如同湖面荡起的涟漪，放眼望去，这些有斜度的隆起线，像迷宫盘绕着岩石，突显了小花园方方正正的空间格局。我意识到这里就是庇护之地、梦幻之地，因此灵感迸发。

在这款鹅卵石手链中，不规则的玻璃珍珠完全体现了日本花园中鹅卵石的精髓。它们颜色鲜亮、纯粹，而水泡式的纹理则体现了鹅卵石不完美的自然之美。我想要体现这几串整齐的珍珠之美，因此我只是稍加使用了其他的素材。石墨色的石英点代表了表面粗糙的鹅卵石，而银币则是体现了日本的传统神话。

材料

308粒6° 玻璃珍珠
56粒4毫米（长直径）×2（短直径）毫米的镀银垫珠
1个44毫米（长）×18毫米（宽）、有磁力的7孔银扣子
2米长的柔性串珠金属丝
14粒银质褶珠
1粒20毫米（长）×7毫米（宽）的银质石英点
1枚直径18毫米的无磁力硬币
2个直径6毫米的银质开口扣环
15厘米长的20号纯银丝

工具

钢丝钳
圆嘴钳
扁嘴钳
压线钳
两把钳子（用于打开和闭合扣环）
金属打孔机

成品尺寸

15厘米（长）×3.8厘米（宽）

1.用钢丝钳将柔性串珠金属丝剪成7段，每段长30厘米。

2.用金属打孔机在硬币的上部中央打孔（**如图1**）。

3.将石英点串在纯银丝上，使石英呈悬挂状。用圆嘴钳和扁嘴钳做一个长约4厘米的卷绕圆形把手。在纯银丝中间做一个缠绕环（参见135页）。将石英点串在纯银丝上，要在石英点和缠绕环中间留出4厘米长的距离。在缠绕环周围将纯银丝的尾端缠绕起来，然后将纯银丝剪掉（**如图2**）。

4.将一段柔性串珠金属丝穿过褶珠、穿过有磁力的扣子上的第一个圆环，然后再穿回褶珠。褶珠要紧贴圆环，然后用压线钳冲压褶珠（**如图3**）。

5.在这段柔性金属丝线上串5粒镀银垫珠、44粒玻璃珍珠和3粒镀银垫珠。

6.将柔性串珠金属丝一端穿过褶珠，然后穿过有磁力的扣子第二面的第一个圆环，再穿回褶珠。褶珠要紧贴圆环，然后用压线钳冲压褶珠（**如图4**）。首尾依次穿过6～8粒珠子，然后进行裁剪（**如图5**）。

7.重复步骤4～6，完成另外的六条丝线，按下列顺序串珠。

2号线：2粒镀银垫珠、44粒玻璃珍珠和6粒镀银垫珠。

3号线：4粒镀银垫珠、44粒玻璃珍珠和4粒镀银垫珠。

4号线：6粒镀银垫珠、44粒玻璃珍珠和2粒镀银垫珠。

5号线：4粒镀银垫珠、44粒玻璃珍珠和4粒镀银垫珠。

6号线：2粒镀银垫珠、44粒玻璃珍珠和6粒镀银垫珠。

7号线：5粒镀银垫珠、44粒玻璃珍珠和3粒镀银垫珠。

8.用一个扣环将石英吊坠系在硬币上，用两把钳子将扣环打开（**如图6**），用一个扣环将硬币和吊坠系在最后一个扣子环上（**如图7**）。

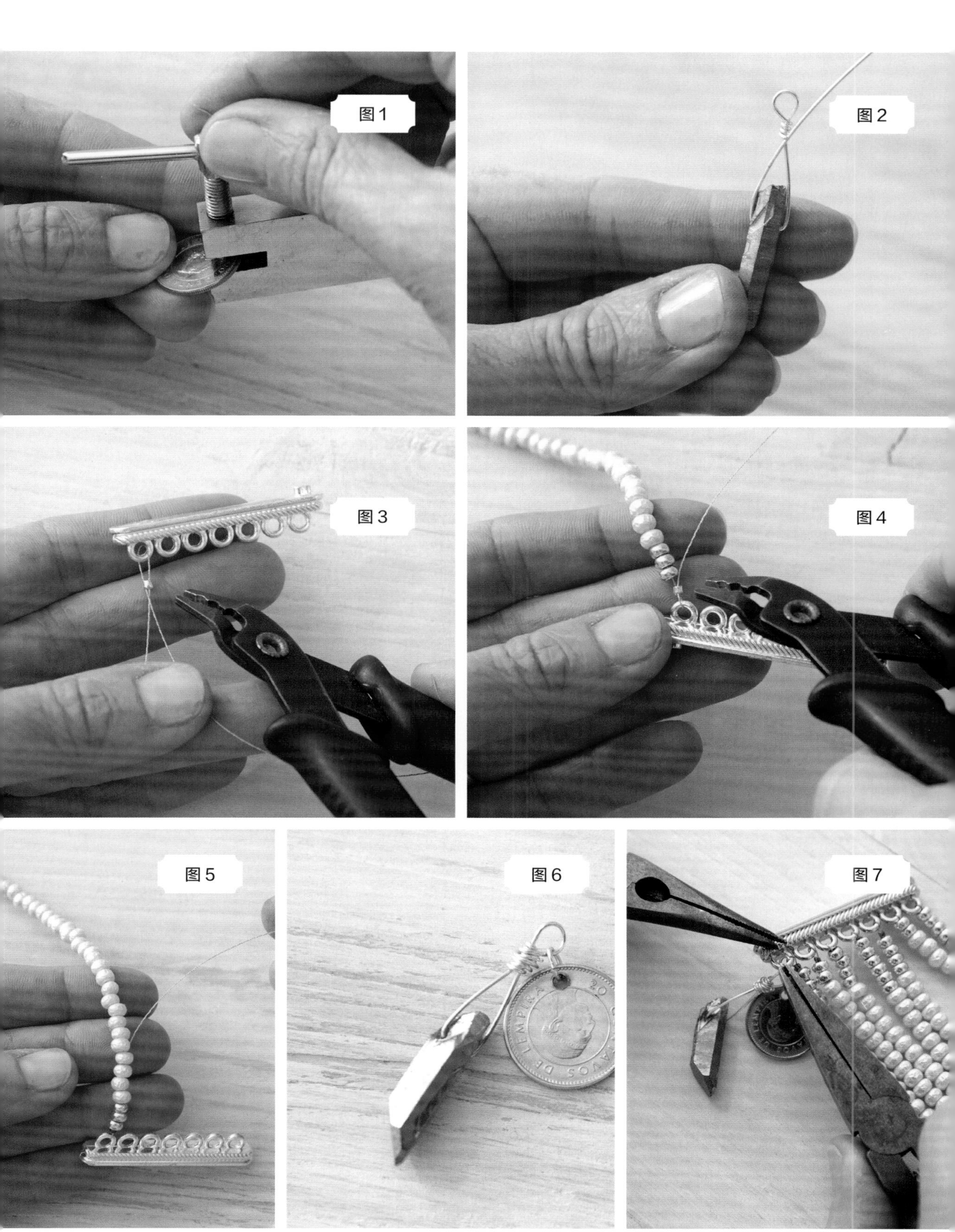
图1
图2
图3
图4
图5
图6
图7

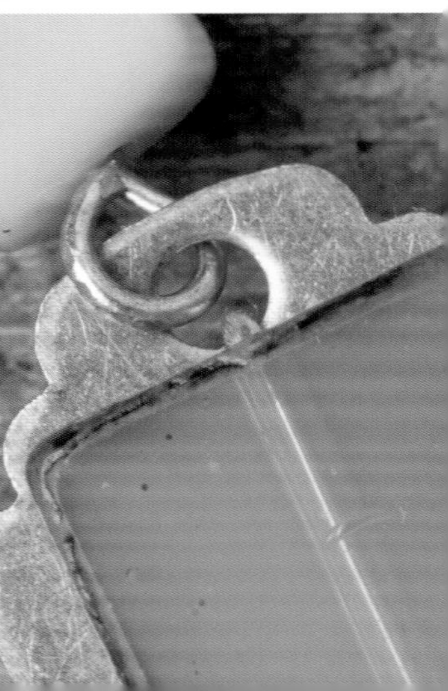

土耳其：

伊兹尼克瓷片耳环

昨日，我游览了托普卡帕宫，欣赏了丰富的瓷砖工艺品，离开的时候略感头痛。整个皇宫外层都有大片的瓷砖装饰：在土耳其蓝设计风格的映衬下，整个皇宫看上去有些衰败，但让人心动、愉悦，宫墙上爬满了植物，发出呲呲的声响。头顶上方的拱形天花板涂满了各式精美的花纹图案，壁龛展示了万花筒般的秘密花园。这座宫殿富丽堂皇，的确让我大饱眼福。

瓷砖在伊斯坦布尔随处可见，从宫墙到公共的自动饮水器。我发现伊兹尼克瓷砖让我着迷，这些精美的土耳其传统瓷砖形成了非常绚丽的蔓藤花纹图案、花朵图案以及植物图案。我期待看到更多的几何图案，但主要看到的是重复的康乃馨花、郁金香花和石榴花，伴有羽毛状、涡纹形状的叶子。能看到瓷砖的地方，能发现相应的色调：水蓝色以及白色为背景、红绿点缀的钴蓝色。托普卡帕宫瓷砖随处可见，野蛮生长，为宫墙和穹顶着上了普遍的水绿色。

毕竟，法语词“turquoise”为土耳其人所用。

我选择伊兹尼克瓷砖的颜色，而非炫目的图案作为耳环的颜色，使这些耳环的颜色近似土耳其的色调，而非土耳其的装饰品。仅仅选择蓝绿色、钴蓝色以及红色就能够完美地体现伊兹尼克瓷砖和谐的色调。为深度挖掘这一主题，我选择了能够复制奥斯曼帝国设计元素的形状。最为明显的是，这些水绿色玻璃长方珠像瓷砖一样，是方形的、长方形的，并且铜色的底部有弯角，像宫殿中的穹顶一样。我选择黄铜色元素是因为黄铜突显了托普卡帕宫的奢华，这也是土耳其装饰风格中备受喜爱的一种特征。最后，我选择了耳勾，这赋予我更大的设计空间。这种耳勾有一把长长的、笔直的柄，你可以根据自己的设计进行裁剪：在未裁剪的柄上总共能串40毫米长的珠子（我仅仅串了长达6毫米的方珠），或者不考虑珠子总数量，在耳勾上做一个单环。不管怎么样，这种耳勾赋予了我们很高的灵活度，这一点我非常喜欢。

材料

2粒12毫米（长）×10毫米（宽）、平面切割的水绿色玻璃长方珠

2粒棱长12毫米钴蓝色旭日形捷克玻璃方珠

2粒10毫米（长直径）×5毫米（短直径）、有刻面的红色珊瑚珠

4粒棱长6毫米水绿色不透明玻璃方珠

2块10毫米（宽）×36毫米（长）、双孔的生铜铭牌

2条带有35毫米长柄的镀金耳勾

2枚5厘米长的镀金球头平针

30厘米长的22号镀金丝线

50厘米长的18号生铜方丝

工具

钢丝钳

扁嘴钳

圆嘴钳

成品尺寸

5厘米（长）

1.用钢丝钳将22号的镀金丝线剪成2段，每段长15厘米。在1块铭牌背面的中心，以金属丝的中间位置为准，将丝线的一端穿过一个孔（**如图1**）。然后用力拉，让丝线平贴铭牌的背面。从铭牌上孔一侧的丝线上串一粒水绿色玻璃长方珠，在铭牌下孔的丝线上串1粒钴蓝色玻璃方珠（**如图2**）。用力拉，将2粒珠子之间的丝线两端扭曲一次（**如图3**）。重复此步骤，完成第二段丝线和第二块铭牌。

2.将铭牌周围的丝线线头缠绕一次。在丝线上串1粒红色珊瑚珠，然后将其置于铭牌前面的两粒串好的珠子之间（**如图4**）。继续缠绕这段丝线，将线头隐藏在其他丝线的缠绕下。红色珊瑚珠应水平放置，而钴蓝色玻璃方珠应垂直放置。在铭牌的反方向缠绕第二段线头，不要盖住红色珊瑚珠。重复此步骤，完成第二粒红色珊瑚珠和第二块铭牌。

3.用钢丝钳将18号的生铜方丝剪成2段，每段长25厘米。将一段丝线缠绕在已经缠绕的丝线上，让珊瑚珠稳固在1块铭牌上。用钢丝钳将线尾剪掉，必要时用扁嘴钳将其隐藏起来。重复此步骤，完成第二段丝线和第二块铭牌。

4.在一枚球头平针上串1粒棱长6毫米的水绿色不透明玻璃方珠。用钢丝钳在离珠子1.3厘米处剪切球头平针，用钳子做成一个单环（参见134页；**如图5**）。重复此步骤，完成球头平针和第二粒水绿色玻璃方珠。

5.用扁嘴钳将水绿色方形吊坠的单环打开，将其系在铭牌的底孔上，用钳子将单环开口闭合。重复此步骤，完成第二个吊坠和第二块铭牌。

6.在耳勾的长柄上串1粒棱长6毫米的水绿色不透明玻璃方珠（**如图6**）。用钢丝钳在离珠子1.3厘米处剪掉球头平针，用钳子在紧贴珠子的位置做一个单环，确保珠子不会晃动。重复此步骤，完成第二段丝线和第二粒水绿色玻璃方珠。

7.用扁嘴钳将耳勾的单环打开，然后系在铭牌的顶孔上，用钳子将开口闭合。重复此步骤，完成第二个吊坠和第二块铭牌。

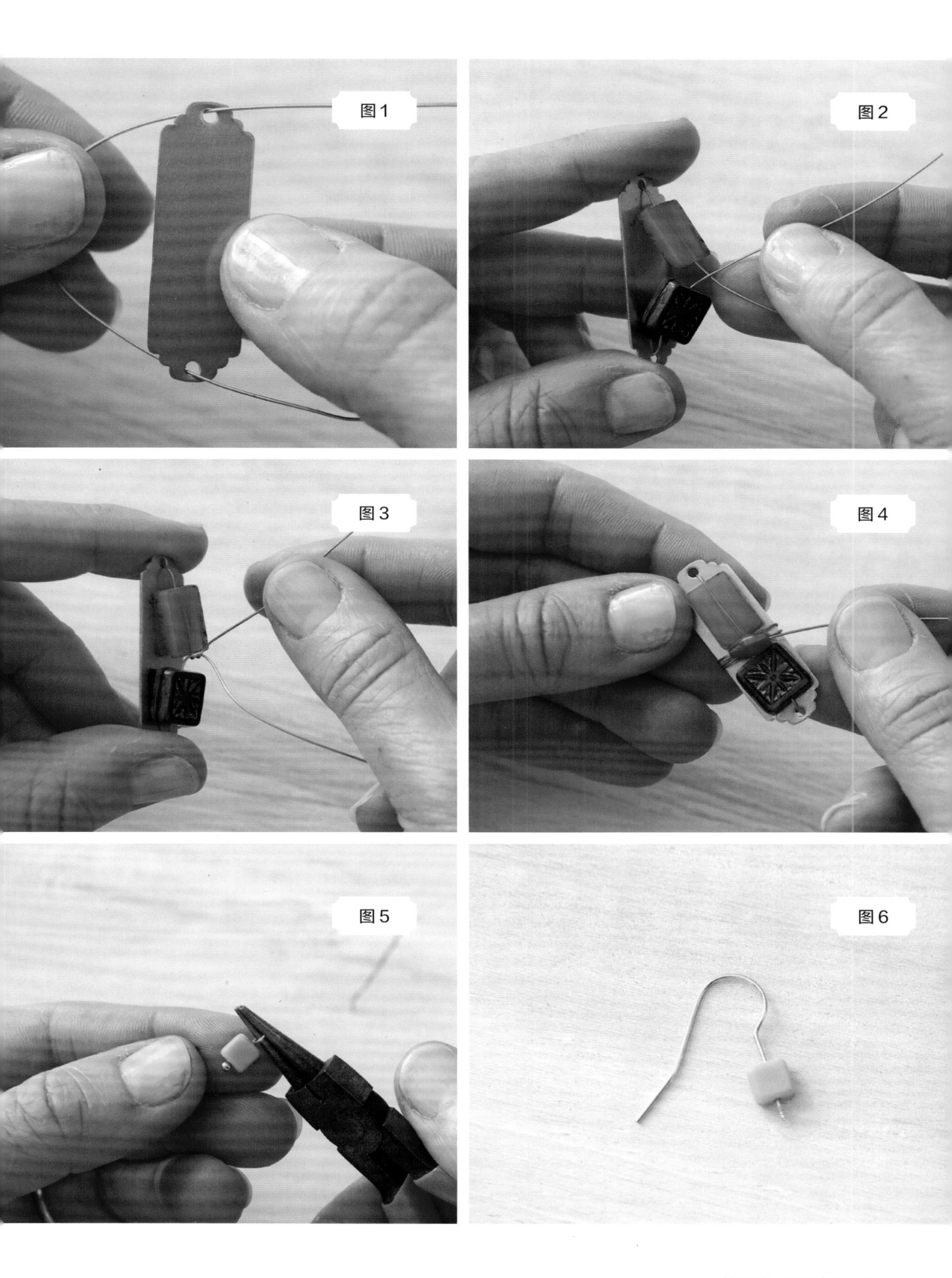
图1
图2
图3
图4
图5
图6

柬埔寨：

阿帕萨拉袖口手链

复杂的雕刻沿着古老的寺庙墙壁延展开来，淹没在茂密的丛林中。厚厚的树根犹如鱿鱼须浮现于苔绿色的高墙上，逐渐地吞没了塔布茏寺，并不断向外延伸。夜幕降临，大门敞开的寺院给人一种神秘之感。看着这些华丽的雕刻，我无法理解它们要讲述的故事，只能欣赏这伟大的神灵之地、万物创造之地，也是神秘象征之地，还有那些手舞足蹈的女子以及很多人。

我正在柬埔寨参观壮观的吴哥窟。寺庙墙上画着成百上千位手舞足蹈的阿帕萨拉女神，她们正在取悦各位神仙和男子。她们拥有曲线型身材和婀娜的舞姿，让人迷醉。这代表了古时候的性感。她们身上的装饰吸引了我的目光。她们胳膊上的手链堆叠得很高，脚上穿戴的脚链就像是镣铐，她们的服饰多用装饰性的项圈和较宽的臀带。她们的头上戴着引人注目的头饰，这些头饰与我所见到过的完全不同，非常醒目，就像是教堂的外形——绚丽的塔尖立于类似轮子的装饰物之上，这些轮子般的装饰物像哥特式窗户，装饰得如此华丽，它们的外表全部用镀金来装饰。

阿帕萨拉女神的头饰太过丰富，我完全被吸引住了。我在制作袖口手链上做了让步，依旧丰富且华丽，但要比阿帕萨拉女神的头饰更易穿戴。为了模仿阿帕萨拉女神头饰的华丽构造，我将许多不同的金色珠子串在一起，使其外观充满戏剧艺术，如星尘珠、巨型的金块、平滑并有刻面的方珠、镂空双锥珠甚至是莱茵石链子。这些珠子虽然种类不同、金色程度不同，但是可以搭配在一起，以此来达到你想要的效果。你可以参照我的选材，也可以自己选择金色珠子。如果金色不是你最喜欢的颜色，你可以选择亮银色珠子、古铜色珠子、木珠或蓝色玻璃珠来制作袖口手链。我只是在对设计做些说明，现在去设计你喜欢的样式吧。

材料

101粒5毫米（长直径）×3毫米（短直径）的镀金垫珠（A）
40粒直径5毫米的镀金圆珠（B）
84粒棱长4毫米的镀金无角方珠（C）
24粒直径7毫米×高5毫米的镀金镂空双锥珠（D）
216粒棱长3.3毫米的镀金无角方珠（E）
6粒高12毫米×直径6毫米、带纹理的镀金桶珠（F）
10粒直径8毫米、带纹理的镀金圆珠（G）
15粒18毫米（长）×15毫米（宽）的镀金块（H）
28粒直径8毫米、有刻面的生铜圆珠（I）
35粒直径6毫米的镀金星尘圆珠（J）
1条25.5厘米长、直径2毫米的黄玉莱茵石镀金杯链
22粒棱长5毫米的镀金无角方珠
40厘米长的22号镀金圆形金属丝
20厘米长的18号镀金圆形金属丝
3.5米长的古铜色手链记忆丝

工具

记忆丝钳　圆嘴钳　压线钳

成品尺寸

23厘米（周长）×5厘米（高）

1.用钢丝钳将记忆丝剪成12段，每段长约30厘米。

2.用圆嘴钳在每段丝线一端做一个单环（参见134页）。

3.在一段记忆丝上串10粒垫珠（A）、40粒圆珠（B）和10粒垫珠（A）。用圆嘴钳在另一端做一个单环（按照下列步骤，串好每段丝线后，再做一个单环）。

4.在一段记忆丝上串56粒无角方珠（C）。

5.在一段记忆丝上串7粒无角方珠（C）、24粒双锥珠（D）和7粒无角方珠（C）。

6.在一段记忆丝上串72粒无角方珠（E）。

7.在一段记忆丝上串1粒无角方珠（C）、3粒带纹理的桶珠（F）、1粒无角方珠（C）、10粒带纹理的圆珠（G）、1粒无角方珠（C）、3粒带纹理的桶珠（F）和1粒无角方珠（C）。

8.在一段记忆丝上串2粒无角方珠（C）、1粒星尘圆珠（J）、15个金块（H）、1粒星尘圆珠（J）和2粒无角方珠（C）。

9.在一段记忆丝上串1粒无角方珠（C）、28粒有刻面的圆珠（I）和1粒无角方珠（C）。

10.在一段记忆丝上串72粒无角方珠（E）。

11.在一段记忆丝上串2粒无角方珠（C）、33粒星尘圆珠（J）和2粒无角方珠（C）。

12.用圆嘴钳在一段记忆丝的自由端做一个单环（**如图1**）。在一段22号金属丝上留出一段10厘米长的线尾，用22号金属丝将莱茵石杯链固定在记忆丝上，紧贴单环（**如图2**）。继续用记忆丝缠绕莱茵石杯链，确保莱茵石杯链中间缠绕上丝线（**如图3**）。当距离记忆丝的一端只有1.3厘米时，将多余的莱茵石杯链剪掉，再用一些丝线进行缠绕加以固定。用钢丝钳剪掉丝线，然后用压线钳将线尾压紧。

13.在一段记忆丝上串上72粒无角方珠（E）。

14.在一段记忆丝上串上81粒圆珠（A）。

15.用钢丝钳将厚度为18的金属丝剪为2段，每段长10厘米。

16.用圆嘴钳在每段丝线的一端做一个单环（**如图4**）。

17.将完成的记忆丝环的开口按顺序排列。在一段18号金属丝上，将第一个环串上一个环，然后串上1粒直径5毫米的无角方珠。重复此步骤，替换为第二个环，然后串上直径5毫米的无角方珠，一直串到最后一个环。用圆嘴钳在靠近最后一个记忆丝环的丝线上的自由端做一个单环。重复此步骤，完成记忆丝环圈上的第二组环。用圆嘴钳在靠近最后一个记忆丝环的丝线上的自由端做一个单环（**如图5**）。

伊朗：

基里姆十字架耳环

伊朗高原牧场周围的札格罗斯山脉层峦叠嶂，皑皑白雪将山顶的石头完全覆盖。卢尔人定居于这些山峰之间，数千年来都在此避暑。他们是游牧民族，说着一种古老的语言，一直保持着深厚的、独立的文化习俗。此外，她们向来精通编织小毛毯。

羊毛毡房外的草地上，一位妇女在编织基里姆地毯，孩子们在她身边嬉戏打闹，她的丈夫在照看他们饲养的山羊。织布机是由木棍和木棒做成的简易机器。她坐在地毯上，俯下身子，踩着棕红色的踏步机，正在编织钻石图案。她在将纱线传过短传动机前迅速拿起了棉经线，然后将纱线置于后节距，再将纱线拉回来，一快一慢地拉，纱线就落在了相应的位置。她动作迅速、认真，来回梭织着纱线，每隔几秒就要将捣棒拿起来，拍打拍打，再将它翻过来向下放。

卢尔人编织的基里姆毛毯非常有名，因为他们会利用钻石、十字架和梳子的象征物编织几何、对称图案。数百年前，浓密的编织只是为了确保毡房里的地面干燥。经过几代人的发展，毛毯逐渐地烙上了传统的编织印记。今天，古老的卢尔地毯展示了几何图案的锐利边缘以及收藏家所珍视的永恒的、自信的设计。

简单地将赤褐色、红色、深红色、碧玉色和浅金色的珠子组合在一起，这款耳环就能用上基里姆毛毯朴实的颜色。其他传统的颜色可以选择棕色、波斯蓝色和桦色。但是为了打破传统，你可以选择其他的颜色，比如水绿色和橙色或者白色和金色。为了制作这款耳环，你要将这些方珠编织起来。编织时让你的张力收紧。前两个经线要松一点，但是最后一个经线要紧实。要让整个作品的表面平滑，防止缠绕或打结。在最后一个经线时，确保你可以在顶部的经线穿过一根耳勾，因为耳勾会从纱线下方滑过，然后你就可以开始了。

材料

14粒棱长4毫米的罂粟红方珠
10粒棱长4毫米地亚金方珠
2条16毫米长的亚金耳勾
1.8米长的红丝绸串珠线
G-S海波黏合剂

工具

2枚穿珠针
剪刀
两把钳子（用于丝线打开和闭合）

成品尺寸

3厘米（长）×2厘米（宽）

注意：展示图里的耳环用的是红色和金色的方珠，而演示图里的耳环用的是蓝色和棕褐色的玻璃珠。你可以根据这些不同的耳环选择不同的颜色。

1.用剪刀将串珠线剪为2段，每段长90厘米。把其中一段放在一边。

2.在串珠线的两端串上穿珠针（**如图1**）。

3.按照图2的方式将方珠摆放好。

4.从最底下的那粒方珠开始，将一枚针穿过红方珠（**如图2**），绕过方珠底部，再穿回这粒方珠，将其固定在丝线中间位置。

5.将右边的穿珠针穿过1粒红方珠、1粒亚金方珠和第二排的一粒红方珠，最后穿珠针落在左边。重复此步骤，让左边的穿珠针最后落在右边（**如图3**）。

6.将右边的穿珠针穿过1粒红方珠、3粒亚金方珠和第三排的1粒红方珠，最后穿珠针落在左边。重复此步骤，让左边的穿珠针最后落在右边。

7.将右边的穿珠针穿过1粒红方珠、1粒亚金方珠和第三排的1粒红方珠，最后穿珠针落在左边。重复此步骤，让左边的穿珠针最后落在右边。

8.将每一枚穿珠针穿过顶端第五排的红方珠，绕过顶部的方珠，然后再穿过方珠（**如图4**）。

9.以相反的顺序重复此步骤4～8，最后穿过底部的方珠。要加固串珠线的走线，而不是再增加几条丝线。

10.重复此步骤4～8，不增加方珠，最后穿过顶部的方珠（**如图5**）。

11.用钳子将耳勾打开，从丝线下方穿过耳勾，用钳子将开口闭合。

12.打两个结，将其置于顶部方珠的孔内。滴一滴黏合剂，让其风干（**如图6**）。用剪刀紧贴着将线头剪掉。

13.重复步骤2～13，完成第二只耳环。

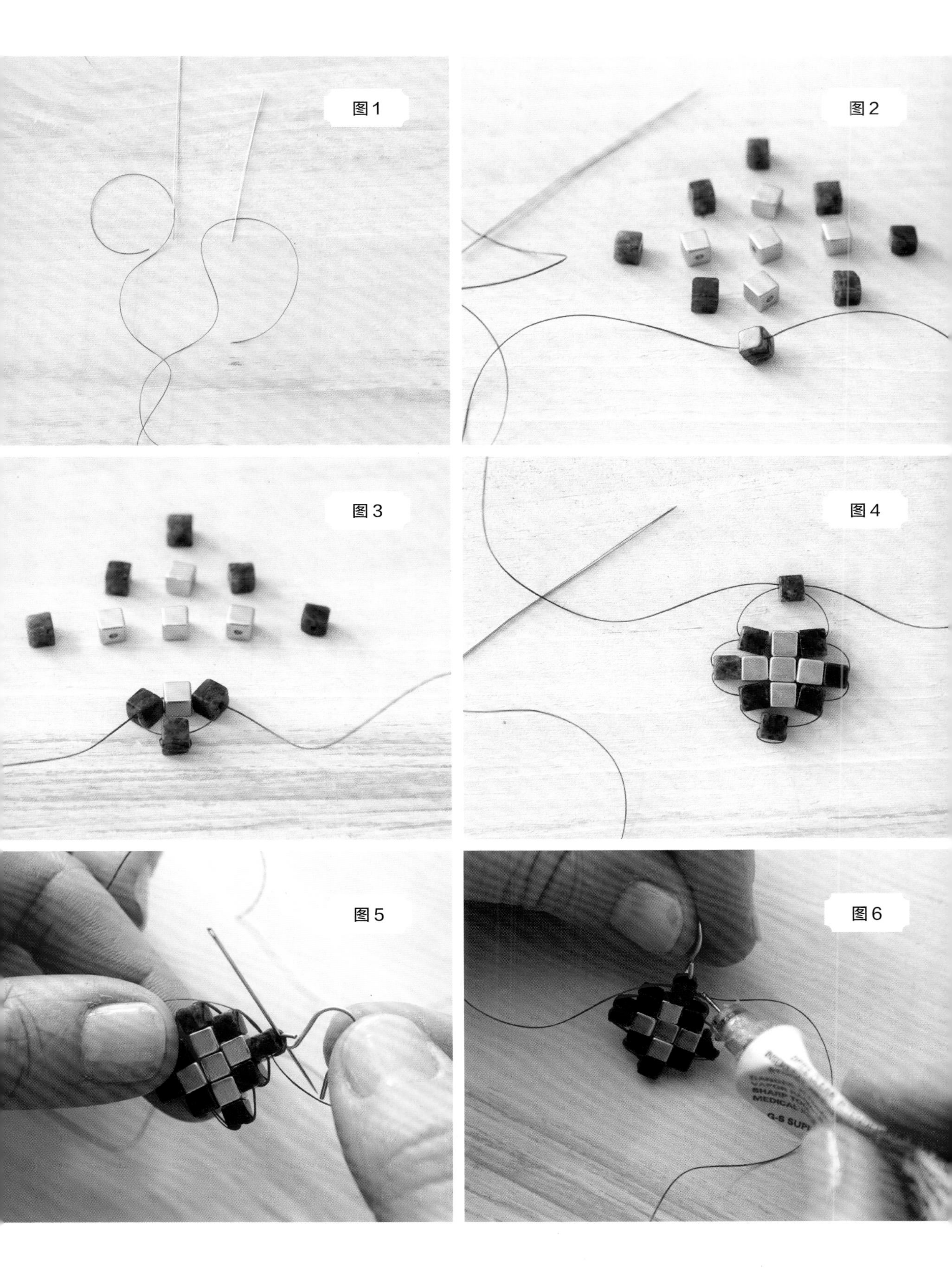
图1
图2
图3
图4
图5
图6

第三章

印度篇

本书的其他章节都是从整个大陆的视角来审视珠宝设计，而本章有所不同，只聚焦印度的设计传统。我认为最好的理由就是我喜欢印度多样的设计风格。从我小时候在芝加哥的印度社区购物开始，我就一直渴望得到印度风格的色彩浓艳、设计美观的东西，比如纱丽服、涡纹印花布、饰有珠宝的眉心痣、黄金刺绣、非常大的珠宝。印度真是一个珠宝设计的神奇国度，它的设计让我避免了曾经千篇一律的设计。印度设计在颜色、层次和装饰上显得傲慢——如果十种颜色就可以的话，那为什么不选用十二种颜色呢？流苏也是吗？亮片呢？将这种轻松的设计方法与丰富的传统设计相结合，我喜欢这一点。我想，在印度需要用毕生精力去感悟这种设计灵感。

果阿邦：

瓷砖瓦片项链

我骑着租来的小摩托车，沿着丛林小路蜿蜒上坡，要随时避开那些不曾挪动的牛和随处可见的狗。阳光明媚，但是橡胶树林却使得我眼前的路上布满了斑驳树影。沉寂的、密热的丛林简直就是避难所，让我停下了下来，远离了帕纳吉市的骚乱。

帕纳吉市融合了印度文化与殖民国葡萄牙文化。整个果阿邦真的是一种非常奇怪的混合文化。果阿邦早在几百年前就有葡萄牙人定居，近几十年来才归属印度，是旧时欧洲秩序下葡萄牙的前哨。帕纳吉市的城市风貌和感觉是葡萄牙式的，而人民却是印度人。成群结队的女性穿着藏红色纱丽、紫红色纱丽、鹦鹉绿纱丽和橘色纱丽走在一起。集市里，商贩的小摊上摆满了咖喱粉、肉豆蔻和辣椒等。

我在主路变道后进入一条土路，周围被胡椒树隔绝了。前方的制作室就像是热浪中的一片绿洲——打开百叶窗，吹来一阵山风，狗在门口慵懒地躺着。蓝白色的瓦片标语牌显示我到达了目的地——果阿邦瓦片制作室，这里依旧延续着给瓷砖瓦片上漆的葡式传统。室内，两名穿着纱丽的女子在给砖瓦刷上淡蓝色、中蓝色和镉黄色，她们刷漆的动作迅速、自信。这些设计都是葡式风格——每一片瓦上都有一朵盛开的蓝花，而每个瓦片角都被淡蓝色的拱状植物环绕。这些瓦片拼接在一起就形成了角角相接的花束图案。每一片瓦片本身也是一件艺术品，拼凑在一起，就形成了一副古老的杰作。瓦片烧制之后，釉会让这些作品的颜色更加鲜明，与热带鸡尾酒一样受欢迎。

来果阿邦之前，我无法想象葡萄牙文化与印度文化交融会是怎样一番景象。现在看来，这的确很美。

这款瓷砖瓦片项链利用的是瓦片拼接成大作的理念。你的丝线缠绕技术不好也不用担心，但是要保证项链两端松一点，而不至于被衣服绊住或垮掉。你可以用串珠线将瓦片连接起来，但要确保连接处的单环够大，能够让瓦片完美地悬挂住。

材料

8个直径18毫米的耐火氧化皮、扁平焊接的铜环
40个直径7毫米×高3毫米、人工切割的青金石双锥珠
48粒直径3毫米的橄榄绿翡翠贝珠
80粒8°的中蓝色亚光籽珠
8粒直径3毫米、有刻面的葵花黄圆珠
7粒棱长3.3毫米的金色无角方珠
55厘米长的21号黄铜方丝
4.8米长的28号古铜色金属丝
25.5厘米长的古董蓝瓷漆/黄铜色连接链
1枚直径27毫米的、锤成的、有钩子和孔的生铜扣子
4枚7毫米（长直径）x5毫米（短直径）镀金椭圆形扣环

工具

钢丝钳
压线钳
圆嘴钳
扁嘴钳
两把钳子（用于打开和闭合扣环）

成品尺寸

56厘米（周长）
每片瓦片约2.2厘米

1. 就瓦片A而言，用钢丝钳将28号古铜色金属丝剪为2段，每段10厘米。在丝线的中间位置，将两段丝线缠绕在一起，呈十字形状，丝线间呈直角（**如图1和图2**）。
2. 在一段丝线上串1粒有刻面的、葵花黄圆珠和1粒中蓝色籽珠。重复此步骤，完成反方向上的穿珠（**如图3**）。将珠子串于1个铜环的中间位置，将一边的丝线缠绕铜环两次（**如图4**）。重复此步骤，完成第二边串珠的丝线。再重复此步骤，完成剩下两边的丝线。铜环中间应该有四个方向的珠子（**如图5**）。
3. 在一条松弛的丝线上根据大小串上1或2粒翡翠贝珠。将贝珠串于两段串珠丝线之间，将丝线缠绕两次（**如图6**）。重复此步骤，完成剩下的三条丝线（**如图7**），铜环中间要填满。用钢丝钳剪掉松弛的丝线，必要时用压线钳将丝线压紧实。
4. 用钢丝钳将28号古铜色金属丝剪为2段，每段长20厘米。将两段丝线放在一起，缠绕两次后固定在2粒贝珠中间的铜环外侧，线尾留出5厘米。
5. 在丝线上串1粒中蓝色籽珠，1颗青金石双锥珠和1粒中蓝色籽珠。将珠子直接串在贝珠的外侧。将丝线缠绕两次以固定在2粒贝珠之间。将此步骤再重复三次，外侧形成4个串珠的拱（**如图8和图9**）。用钢丝钳剪掉松弛的丝线，必要时用压线钳将丝线压紧实。
6. 将步骤1～5再重复三次，一共做4个瓦片A。
7. 就瓦片B而言，重复步骤1～5，但是从第二步开始要将淡蓝色的珠子替换为1粒葵花黄圆珠和1粒淡蓝色籽珠。再重复此步骤，共完成2个瓦片B。
8. 就瓦片C而言，重复步骤1～5，但是从第二步开始要将1粒淡蓝色的珠子和一粒葵花黄圆珠替换为1颗青金石双锥珠。再重复此步骤，共完成2个瓦片C。按照你喜欢的顺序将这些瓦片排列好。

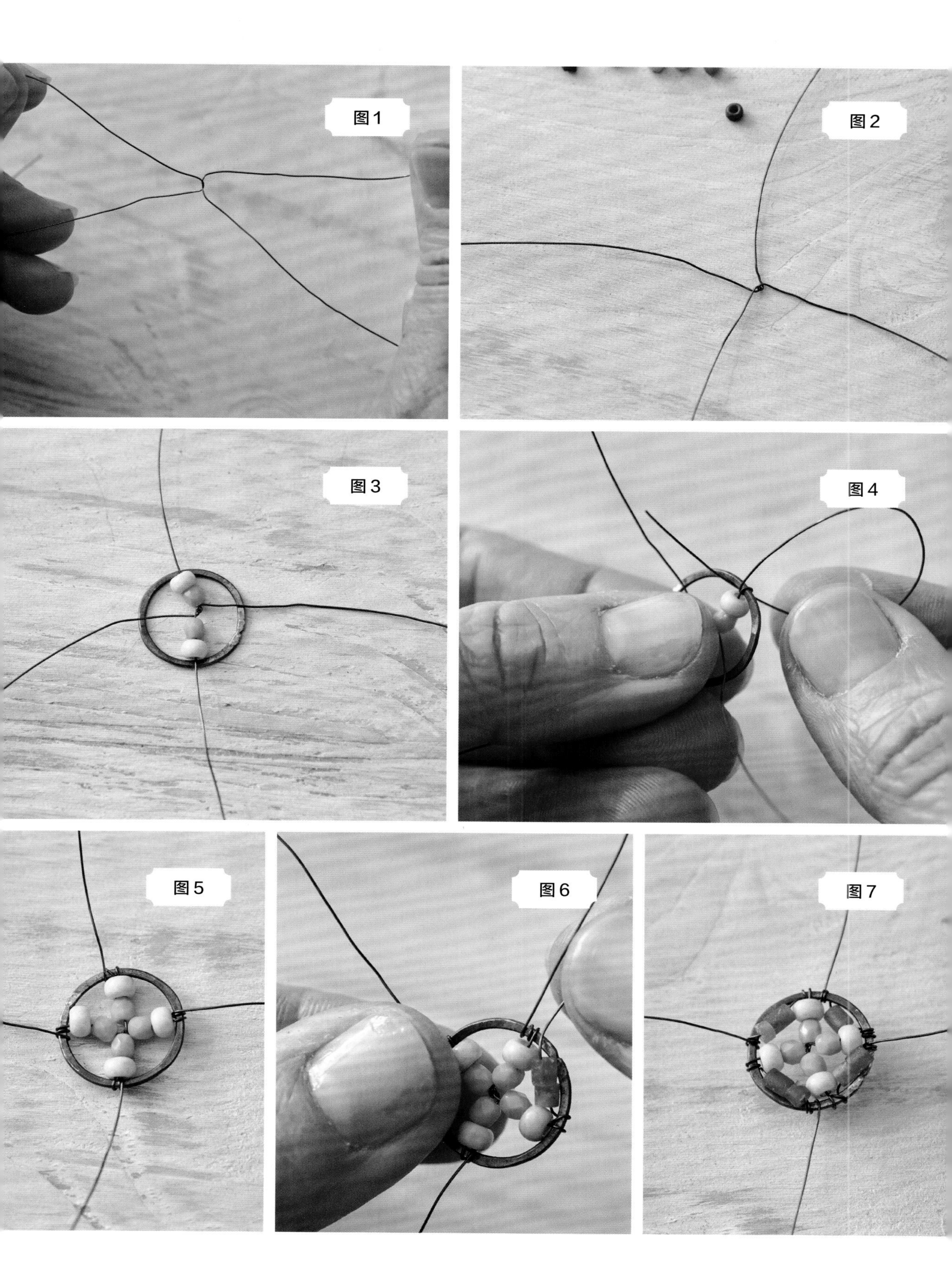
图1
图2
图3
图4
图5
图6
图7

9.制作串珠连接链：将黄铜方丝剪为7段，每段长约8厘米。用圆嘴钳和扁嘴钳在丝线的一端完成缠绕环（参见135页）的第一部分，但不要继续缠绕。环应该够大，能够套在瓦片外侧的珠拱。在丝线上串1粒无角方珠，用扁嘴钳和圆嘴钳在丝线的一端完成缠绕环的第一部分，但不要继续缠绕。再将此步骤重复6次，完成7条串珠连接链。

10.从瓦片的一端开始，将第一片瓦片的珠拱串在串珠连接链的一个环上（**如图10和11**）。用圆嘴钳和扁嘴钳完成缠绕环，确保瓦片的珠拱能够自由移动（**如图12**）。将第二个瓦片的珠拱串在串珠连接链的第二个环上。用圆嘴钳和扁嘴钳完成缠绕环，确保瓦片的拱能够自由移动。重复此步骤，在反方向的珠拱上用连接链将所有8个瓦片串起来。

11.用钢丝钳将古董蓝瓷漆链剪为2段，每段长13厘米。

12.用两把钳子将4个椭圆扣环打开，用扣环将第一个瓦片的自由端系在瓷漆链的一端，然后将扣环闭合。重复此步骤，完成最后一个瓦片和第二段瓷漆链（**如图13**）。

图 8
图 9
图 10
图 11
图 12
图 13

古吉拉特邦：

曼海蒂手链

这种场景有点像宝莱坞电影——在花彩装饰的篷子下，成群的妇女坐在巨大的簇绒垫子上低声细语、嬉笑、闲聊；在一旁的老妇人们坐在一起说个不停，点头示意，眉飞色舞；坐在垫子上的少女们一起闲聊，玩弄着她们的纱丽丝巾；而小女孩们太不懂事，但很快大人们就让她们安静了下来。

坐在垫子中间的那位新娘是我所见过最漂亮的新娘。她真是美丽极了，穿着一件深蓝色纱丽服，衣服上装饰着各种纯金的饰品和微小的亮片。她安静地坐在那里，双手放在身前的枕头上。肩上散着浓密的黑发，脸上围着一块深蓝色的丝巾。她身上挂着各种金饰，如金耳环、金手链，头戴一条分发链。她们告诉我这是为曼海蒂派对准备的，要一直维持到婚礼那天。今晚的女子之夜很盛大，但是与明天马拉松式的婚礼相比就显得更为安静、低调。她的伴娘在给她调整丝巾、或者帮她扇风、或者是把她的手链往上推，看似一些不起眼的举动都体现了她对这位新娘的宠爱。

在婚庆期间，指甲花画师会在新娘的手上小心翼翼地画上曼海蒂花。画师已经在她的脚和手掌上画完了，新郎的名字就藏在涡纹尾部，明天要找出来。她现在要完成最后一部分：一副蜿蜒的画作，要覆盖到手指、手背、手腕和胳膊。手指上要缠满丝带，就像是褐色的指环。她在新娘的手上画了盛开的莲花，每根手指上画了涡旋状的藤曼。她用多层装饰、树叶、线条与圆点对每一幅画面进行装饰，直到看上去像赤褐色的花边。

当画师完成后，她会坐到后面检查她的画作，女人们则围在一起欣赏。所有的目光都注视着新娘。她问新娘：“你觉得怎么样，喜欢吗？”她的婆婆会替她回答，说：“她很漂亮。”大家都微笑着点头。

这种手链能在一夜之间给你带来增添或抹去指甲花的便利。但要完成这样一幅作品，首先需要大量的金银丝工艺品。尽管你可以随意改变手链的尺寸，但建议你选择较小的尺寸，因为尺寸较小的手链可以和你的手完美贴合，不会滑落太多。

材料

9个直径10毫米的古铜色圆形金银丝工艺品
4个26毫米（长直径）×24毫米（短直径）的古铜色圆形钻石金银丝工艺品
5个棱长14毫米的古铜色方形金银丝工艺品
2个37毫米（长）×28毫米（宽）的古铜色侯爵金银丝工艺品
总长度7.5厘米的4毫米（长直径）×2毫米（短直径）的古铜色锚链
31个直径5毫米的古铜色扣环
2个直径4毫米的古铜色扣环
1个10毫米（长）的古铜色龙虾扣

工具

1.5毫米的金属打孔机
两把钳子（用于打开和闭合扣环）

成品尺寸

手部图形大小为8厘米（长）×6厘米（宽），手链长约18厘米

1. 用金属打孔机在1个37毫米（长）×28毫米（宽）侯爵金银丝工艺品未打孔的一端打一个孔（**如图1和2**）。
2. 用两把钳子将所有的扣环打开。
3. 如图所示，将金银丝工艺品与直径5毫米的扣环连接起来，从大的中心图案开始，一直到手链（**如图3和4**）。用钳子将扣环闭合。
4. 必要时可以用两把钳子进行调整。用直径4毫米的扣环将锚链的一端系在手部图形顶端的小圆饰品上（**如图5**）。将扣环闭合。重复此步骤，将第二条链子和第二个直径4毫米的扣环穿过同一个孔。
5. 必要时可以用两把钳子进行调整。将直径5毫米的扣环系在手链一端最后一个圆形饰品上。将扣环闭合。对手链的另一端重复上述步骤，但要将10毫米（长）的古铜色龙虾扣扣在戒指上。为了佩戴一条传统的手链，将链子套在你的中指上，就像戒指一样，用更大的图形来装饰手部的顶端。要想固定住手链，就得将手链部分缠绕在你的手腕处，然后钩在手腕下方的位置。

图1
图2
图3
图4
图5

乌普戴尔：

珍珠嵌镶耳环

当太阳从皮拉丘湖上升起时，便有当地的女性穿着靓丽的纱丽沿着河堤去盥洗。她们蹲在河边洗头发，然后将头发拧干、扎好。河水轻轻地拍打着堤岸，整个城市沐浴在朦胧的晨光中。

我每天清晨都能从我的那间白色房间看到这一情景。500卢比的房间显得古雅、低调，就像是乌普戴尔的女子一样，很漂亮。透过哈维利式的窗户，我看到了眼前的这番景象。我想要待在这里，享受这种宁静，但是太多了，无法一一入眼。乌普戴尔风景如画，山景尽收眼底，悬挂的花园中有很多露台可以一览无遗。这座水镇堪比威尼斯，因为这座秀美的小镇和水路增添了浪漫气息。这里真的很美。

为了与乌普戴尔的秀美相配，印度的艺术家创作了很多精美的手工艺品。从传统的饰品到精密的马赛克作品，这里的设计高端、一流。我在这里遇到最难的就是嵌骨家具，因为它步骤复杂，非常具体，而且华丽得让人眩晕。好几位工匠制作了三个月，只为这件作品可以在西方国家卖个好价——工匠用死去的骆驼骨头雕刻出数千颗钻石、涡纹图案、花朵、圆圈和植物，然后将这些极小的东西放入手工雕刻的木制小屋内——这件作品非常费力，但是效果极佳，是一件精美的作品。

这款珍珠嵌镶耳环是乌普戴尔嵌骨作品的简化版。为了让这款设计变得完美，我要找到最适合的材料。黑色的环氧树脂黏土表面容易镶嵌，能够让材料嵌入；珍珠代替骨头，也可以很好地平衡黑色，与配件的金色完美搭配。如果黑白色不是你喜欢的色调，那就用其他的颜色和珠子。找一些小一点的、其他形状的珠子，再简单一点的话，可以选用现成的挂坠，略过整个编织架构的步骤。

材料

2件35毫米（长）×14毫米（宽）的女侯爵黄铜挂坠
20厘米长的21号生铜方丝
黑色的双组环氧树脂黏土
2粒直径10毫米的四叶饰珍珠母
4块4毫米（宽）×5毫米（长）的淡水珍珠块
12块1毫米（短直径）x2毫米（长直径）的淡水籽珠
2条25毫米（长）×12毫米（宽）的生铜耳勾

工具

纸夹
钢丝钳
扁嘴钳
镊子
两把钳子（用于打开和闭合扣环）

成品尺寸

5厘米（长）

1.用钢丝钳将生铜方丝剪为2段，每段长10厘米。

2.用扁嘴钳在生铜方丝中间位置将丝线折出一个角，类似于女侯爵挂坠的底尖儿。用手将丝线的一端折出类似于女侯爵挂坠的弧度（**如图1**）。重复此步骤，完成第二段丝线。

3.按照包装上的说明，将黑色的双组环氧树脂黏土和在一起，做一个四分之一大小的圆珠（**如图2**）。

4.取一小部分黑色的环氧树脂黏土，均匀地挤压到黄铜女侯爵挂坠弯曲的一面（**如图3**）。必要时再增加一些。

5.用镊子将珍珠块、四叶饰和淡小粒珠放入黏土里，将珍珠摁进黏土表面（**如图4**）。

6.将步骤2里的丝线摁到挂坠外缘的黏土里面（**如图5**），用钢丝钳将两端的丝线剪掉，使其完美融入挂坠的顶端。

7.打开纸夹。在黏土的一端戳一个孔，穿过黄铜挂坠的孔（**如图6**），然后让边缘变得更为平滑。

8.重复步骤1～7，完成第二只耳环。

9.按照包装说明，让黏土硬化。

10.用钳子将耳勾的环打开，将嵌入珍珠的女侯爵挂坠系在耳勾上（**如图7**），用钳子将扣环闭合。重复此步骤，完成第二个挂坠和第二段丝线。

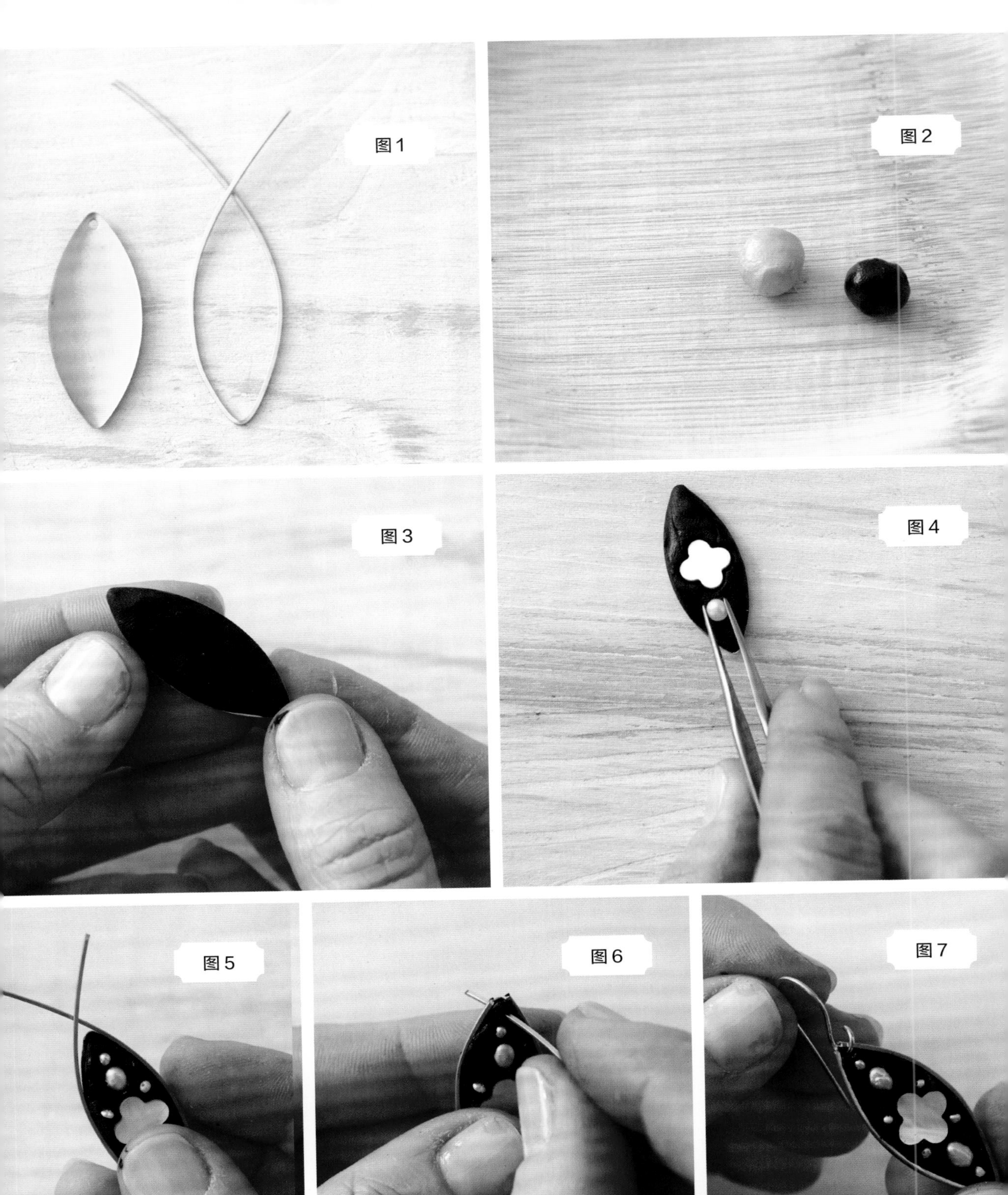
图1
图2
图3
图4
图5
图6
图7

孟买：

纱丽金项链

这并非是软性推销，称这个人为“布料卖家”还远远不够。看着他那黑色的大胡子和凶煞的眼神，我觉得“布料霸凌”更适合他。

开始的时候真是太天真了。在这些身着纱丽的女人中，我算是一位意志薄弱的女人，我想逛遍所有的商店，再试图决定从何处开始买。可到处都是让人眼花缭乱的纱丽，我又被深深地吸引住了——饱满的颜色、立体的裁剪和金色的坠饰。甚至那些戴假发的、过时的人体模特儿也会目不转睛地盯着这些纱丽看。这种经历奇妙得让人难以承受。但是，当我从一家店的门口出来时，“布料霸凌”突然抓着我的胳膊，说：“女士，进来看看吧！你要的我这里都有！进来看看吧！进来看看吧！”然后就拉着我进他的店。

他的店简直是个神奇之地，但我那个时候不这么认为。我正在喝他强迫我喝的印度奶茶，试图弄清楚如何出去。每次我要朝着门口移动时他就会拦住我，然后拿出更多的纱丽布料，他自信地打开每一匹布，全程凶狠地盯着柜台。我在想：他那么矮，我能否制服他？——不太可能。当时的我认为最好的办法就是屈服，然后买点东西，所以我开始扫视货架。货架上堆得很满，一匹匹布料让人头晕，摸上去像丝绸一样顺滑，布料边儿带有金饰。每一种颜色都有配色：芒果色、紫色、藏红色、孔雀蓝色、康乃馨色、猩红色以及草莓色。

我看了很多带有金边的布匹，然后找到了机会。于是我肯定地说：“我要这匹布。”然后拿起来一卷装饰带。我高兴地往门外走，同时检查了一下我的钱包。这卷薰衣草色的薄饰带上都是亮片、珠子和金银饰品，看上去如此颓废，但又如此优雅，真的很美。

除了精美的设计外，这款项链也吸收了纱丽的华丽之处。由于整个设计所需的珠子数量较少，因此也可以用玻璃和水晶宝石取而代之，甚至可以用一些AA级的宝石。

材料

4粒6毫米（高）×直径4毫米、教堂样式的淡紫水晶玻璃桶珠
4粒直径3毫米、绿色电气石水晶双锥珠
5个11毫米（长）×5毫米（宽）、镀金叶子吊坠
1个15毫米（长）×10毫米（宽）、银外镀金花型吊坠
8枚2.5厘米长的24号镀金球头平针
45厘米长、直径1.5毫米粗的镀金圆链
31个直径3毫米镀金开口圆形扣环
1个直径4毫米镀金开口圆形扣环
1个直径5毫米镀金开口圆形扣环
1个直径5毫米镀金扣子

工具

圆嘴钳
钢丝钳
压线钳
两把钳子（用于打开和闭合扣环）

成品尺寸

45厘米（长）

1.在1枚镀金球头平针上串1粒淡紫水晶玻璃桶珠。做一个缠绕环（参见135页；**如图1～3**），然后用钢丝钳将线尾剪掉。用压线钳将尾端压实。再重复三次，做4个缠绕的紫水晶玻璃吊坠。

2.重复步骤1，使用1粒绿色电气石水晶双锥珠，做4个缠绕吊坠。

3.用钢丝钳将圆链剪下2段，每段长约1.3厘米。

4.将链子连接到1个直径3毫米的扣环上，用钳子将扣环闭合。这就是项链的中心环。

5.将花型吊坠串上1个直径4毫米的扣环。用钳子将扣环闭合。

6.用1个直径3毫米的扣环将1个叶子吊坠加到中心环上，用钳子将扣环闭合。

7.将链子剪下6段，每段长2.5厘米。

8.用3个扣环将两段链子系在一起，将1个绿色电气石水晶挂坠系在中心环上（**如图4和5**）。

9.重复步骤8，使用1个绿色电气石水晶挂坠。

10.在步骤8和步骤9的链子两端，系上三个扣环，排成一排。将1个淡紫水晶扣环系在中间环上。

11.将步骤10中的珠链系在中间环上。在链子的一端系1个2.5厘米长的链子，然后再系三个扣环。将1个绿色电气石水晶吊坠系在中间环上。重复此步骤，完成项链的第二面。

12.将剩下的链子剪为两半，将每一半系在组合的链子上。

13.用1个直径3毫米的扣环将1个叶子吊坠置于第一个淡紫水晶吊坠和第一个绿色电气石水晶吊坠中间，然后置于第一个绿色电气石水晶吊坠和第二个淡紫水晶吊坠中间。重复此步骤，完成项链的第二面。

14.将一个直径3毫米的扣环打开，然后将直径5毫米的扣子系在链子的一端。用钳子将扣环闭合。

15.将一个直径5毫米的扣环打开，系在链子的第二端。用钳子将扣环闭合。

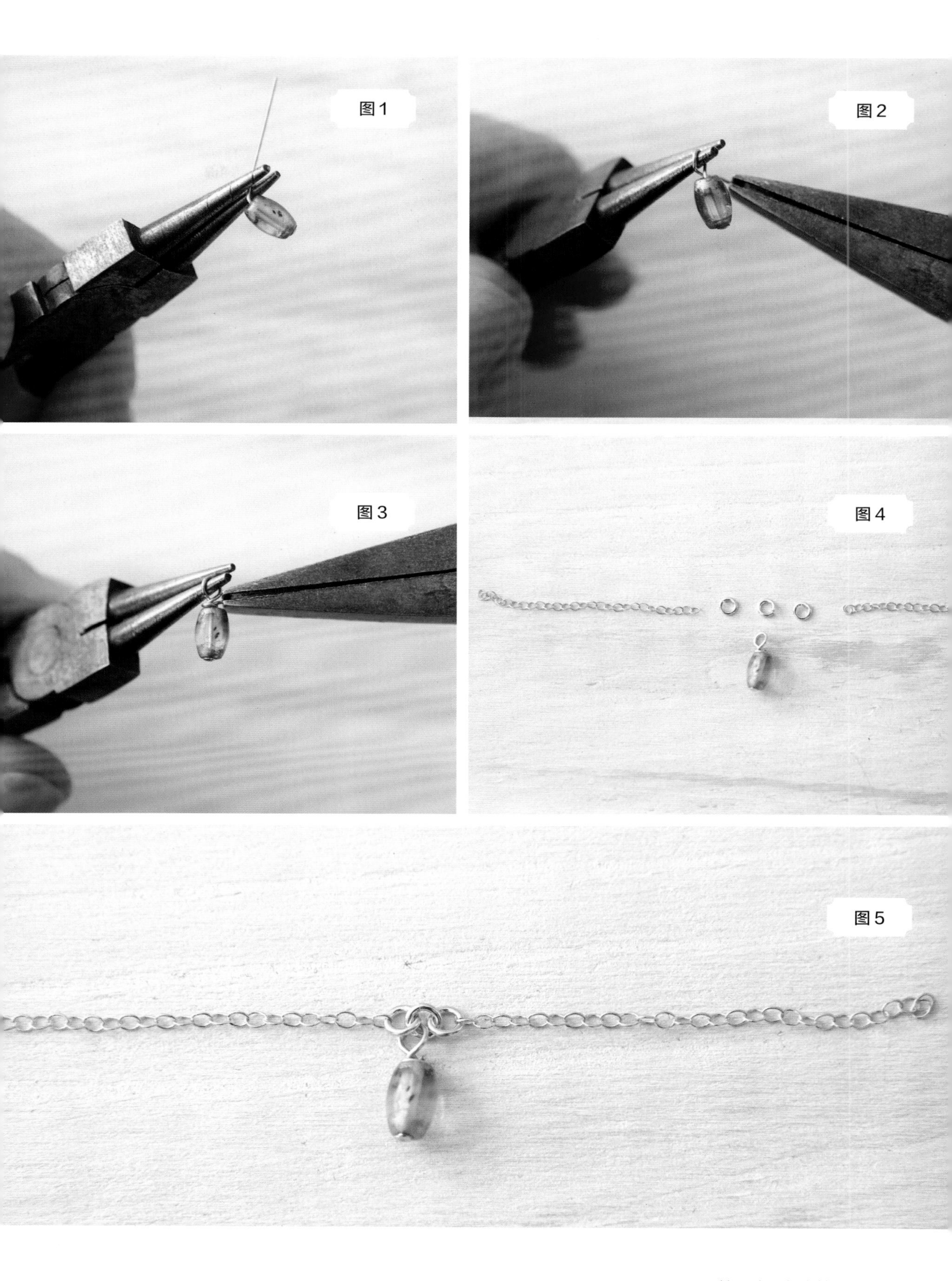
图1
图2
图3
图4
图5

巴格鲁：

印花块耳环

巴格鲁是北印度地区的一座沙漠城市，是繁荣的手工艺产业的中心。在巴格鲁一条落满灰尘的街上的一个小摊儿前，阿杰伊像他去世的爷爷和爸爸一样用木槌和凿在雕刻。木槌击打着凿，发出有节奏的叮当声，他正在一块希杉硬木块上雕刻。阿杰伊在巴格鲁一天要花十二个小时雕刻木制印花块。

今天早晨，阿杰伊便开始在一块空白的木头上仔细地打线。一大束带有茎和叶的花卷成一种涡纹的形状，这种设计给人带来很多灵感，因为这会让西方国家的零售商手里的桌布和枕头更雅致。阿杰伊蹲在他工作的桌子后面，身前放着一把军用凿子。他看好角度，迅速而有节奏地用木槌敲击着凿子，并将木屑轻轻拂去。他不断重复着这一过程。显然，他在创作作品，而这将会持续一整天。他用斜凿雕刻出了涡纹长线条中那些平顺的曲线，用菱凿雕刻小花蕾中的那些细小的曲线条。他雕刻的时候，我看不出有任何瑕疵。如果我没有看他雕刻的话，我会很惊讶这是如何用机器制造出来的。在木块雕刻、印花、染色这条生产线上，阿杰伊可以说是一位“工匠”了，从事着数百年前分配给他这个种姓的人的工作。但是你会发现他就是一位艺术家。他雕刻的植物涡纹非常丰富，是一种大胆而又令人陶醉的设计，而他的凿工娴熟，又不失水准，简直不可思议。

当阿杰伊完成木雕雕刻时，画师会人工印花，然后再送到染工那里。明天，这一过程又会重新开始。我不清楚阿杰伊把自己当作工人、工匠还是艺术家。但我坚信他就是一位艺术家。

这款耳环的设计参考了印花块图案，理念是一样的，诸多细节成就了这项古老的设计。最常见的印花块颜色是白色或者裸色，所以我认为这些耳环使用单色也是极好的。全部使用白色的珠子（或其他的单色），即使并非过于绚丽，但仍是一副漂亮的耳环。

材料

2个15毫米（高）×直径8毫米、有刻面的黄玉桶珠
94粒直径3毫米×2毫米（高）、铜色黄铁矿垫珠
30粒11° 淡黄绿籽珠
26粒直径6毫米、有刻面的珊瑚粉不透明玻璃圆珠
4粒10毫米（长直径）×5毫米（短直径）珊瑚红泪状珠
4个直径4毫米古铜色开口圆形扣环
2条25毫米（长）×18毫米（宽）氧化铜耳勾
串珠线
S海波黏合剂

工具

剪刀
穿珠针
扁嘴钳

成品尺寸

7.5厘米（长）x2.5厘米（宽）

1.制作主要的构件：留出1段15厘米的线尾，将穿珠针串上1个桶珠，按照同一方向反复穿两次，形成两条线（**如图1**）。将两条线置于桶珠的一边。这就是你要串珠的主线。

2.在针上串2粒淡黄绿籽珠，将其置于桶珠的边缘（**如图2**）。第一粒珠子置于穿线的位置，第二粒珠子自上而下倒置，串珠线将外侧的2粒珠子连接起来。拿着2粒籽珠，将其从主线底下反复穿过。现在将针从第二粒籽珠穿过，从一端开始，置于桶珠的边缘。

3.在针上穿入第三粒籽珠，并置于第二粒籽珠子旁。这粒珠子及后面的珠子要倒置。拿着籽珠从主线下反复穿过。现在将针从籽珠穿过，从一端开始，置于桶珠的边缘。将此步骤重复4或5次，直到在桶珠大约一半的位置穿入8或9粒籽珠（**如图3**）。

4.将穿珠针从桶珠穿过一次，按照同一方向反复穿两次，形成两条线，将其置于桶珠另一边。旋转180°。这是你完成另一半的主线，然后回到开始的位置。

5.将针从第一粒珠子穿过，从珠子的一端穿到外端。

6.必要时将其旋转，重复步骤3，完成剩下的8或9粒籽珠，最后让串珠线从第一粒籽珠穿出（**如图4**）。

7.开始第二个扣环，在针上穿2粒有刻面的珊瑚粉不透明圆珠，将其置于第一排的籽珠上（**如图5和6**）。拿着圆珠，将针从主线下方反复穿过，然后从第二粒圆珠穿过。继续穿上13粒圆珠，从连接前一个环的连接线上穿过串珠线。

8.重复步骤7，用25粒铜色黄铁矿垫珠完成第三个扣环。

9.系一个超过5粒珠子的半结（参见137页），用穿珠针固定串珠线。将串珠线穿过珠子，然后用剪刀紧贴着将线头剪掉。

10.重复步骤1～9，完成第二个主要的构件。

11.制作珊瑚红构件：重复步骤1～6和步骤9，用珊瑚红泪状珠作为主珠，用11粒铜色黄铁矿垫珠作为第二排的珠子。再重复三次，制作4个珊瑚红泪状珠构件。

12.必要时，在所有构件中间位置的表面滴黏合剂，固定第一排珠子，然后让其风干。

13.找到椭圆的中心，在1个直径4毫米的扣环上系1粒泪状珠构件，穿过构件外端的串珠线。用钳子将扣环闭合。重复此步骤，完成第一只耳环另一个圆状珠构件，完成第二只耳环。

14.用两把扁嘴钳，打开耳勾环。找到1粒泪状珠构件的中心，将其系在耳勾上，穿过构件外端的串珠线。用钳子将扣环闭合。重复此步骤，完成第二只耳环。

图1
图2
图3
图4
图5
图6

第四章

非洲篇

我喜欢非洲的设计风格是因为其大胆无畏。非洲的设计风格将其内涵与历史融入到了其可辨识的风格中，整个非洲大陆风格也较为统一。非洲设计很精美，我们都知道非洲设计选用的主要颜色为绿色、红色和金色。这种色调遍布非洲各地，从非洲各国国旗到珠子、织物和涂鸦。这些颜色象征着希望与和谐，也见证了抛头颅、洒热血的历史。尽管各国和各部落在实际的图案上略有差异，但是非洲图案的内涵与花样之间还是相对一致的。非洲妇女甚至还为此发明了一些谚语，让她们的服饰成为一种时尚的表达。非洲风格代表了非洲认同，这就是我喜欢它的地方。这种大胆的设计代表了一个民族和它的历史。

乌干达：

纸珠项链

宽大的蒲葵在炙热的土地上投下婆娑的树影，在瓦楞屋顶的阴影下，妇女们聚集在一起，边谈笑风生边砍柴，说着一种我听不懂的语言。米莉是这个作坊的经理兼代表，她身材高大且充满自信，身着一件显眼的、带有印花的绿色连衣裙，裙子的袖子是蓬蓬袖，头裹一条与之相称的头巾。她给我的印象就是一位“市长”。

“这些妇女都是因战争而背井离乡，她们开始用纸做成珠子，因为纸是能找到的，然而她们却没有营销渠道。但我们联系了西方的买家。这样的安排实在是太好了！以前，这些妇女没有钱来养家糊口。现在，她们收入不错，有钱给她们的孩子们买吃的和穿的了！”她为这种微利经济感到自豪，我明白其中的原因：这个市场给了这些妇女养家糊口的手段，同时又把她们从家庭和以前的行业中解放了出来。并且珠子全都是用可回收的纸做成的！这就如无中生有一般。

约瑟芬在工作时，她的背篓里有一个熟睡的婴儿。我蹲在她旁边，仔细观察着她娴熟的手法。她从杂志上撕下一个三角形，把其最宽的一条边放在串线上，然后迅速且均匀地把纸卷起来。就在快要卷到头时，她把一小滴胶水挤到纸上，然后小心地把纸尖卷到位，再用手指抹平。她画了四笔长而宽的清漆线条，涂满了纸珠。然后，她把丝线丢进她面前的杯子里来晾干。她的手法灵巧到能在不到一分钟的时间做出一粒纸珠。

妇女们全都围在桌子旁，边干活边聊天，到处充满欢声笑语。丝线上的纸珠装满了干燥的杯子，就像花蕾一样。纸珠的颜色在黏稠而闪亮的亮漆下格外显眼。每个珠子都有着微妙的差异，以多样的色彩、不一的尺寸以及各色的形状展现着编织者的审美。每一粒纸珠都是一件小巧的艺术品，更是她们开启新生活的见证。

这款纸珠项链轻盈通透，每粒纸珠都美得闪闪发光，在中间加上泰国铃铛就能产生有趣的音符。铃铛非常小巧玲珑，如果你不喜欢项链叮当作响的话，也可以很轻松地把它们拿掉。

材料

8粒直径12毫米×高10毫米的黄绿色纸卷双锥珠（A）
15粒直径14毫米×高12毫米的湖绿色纸卷双锥珠（B）
14粒10毫米（长直径）×8毫米（短直径）的金色黄铜小圆铃（C）
2个6毫米（长）的镀金卷盖
1个10毫米（长）的镀金龙虾扣
5米长、0.5毫米粗的棕色聚酯串珠线
2个直径5毫米镀金开口圆形扣环
G-S海波黏合剂

工具

缝针
剪刀
压线钳
两把钳子（用于打开和闭合扣环）

成品尺寸

约50厘米（长）

注意：展示图里的纸珠颜色与演示图里的纸珠颜色不同。纸珠的颜色各异，因此请挑选你最喜欢的颜色！

1.用剪刀将串珠线剪成4段，每段长250厘米。

2.将其中两段串珠线放在一起，在距离一端约10厘米的地方打一个单结（参见136页）。在其中一段串珠线上，距离单结的反向端，用穿珠针将串珠线穿上。这段串珠线就是你串纸珠的那段。

3.用穿珠针在串珠线上串1粒黄绿色双锥珠（A）。将两根线握在一起，在距离最初打结2.5厘米的地方再打一个单结，将纸珠夹在两个结中间。

4.以相同的方式，按照如下的顺序串双锥珠并在双锥珠之间打上结：B，A，A，B，AC，BC，CB，CA，CB，CA，A，B，A，B，A（**如图1**）。

5.重复步骤2～4，完成剩下的两段串珠线，串珠顺序如下：B，A，A，B，A，BC，BC，AC，CA，CB，CA，CB，A，A，B，B，A。这两段串珠线会略有不同。

6.将两段有双锥珠的串珠线上的起始结放在一起，在靠近起始结的位置打一个单结。将四段串珠线穿过一个镀金圆形扣环（**如图2**）。在第一个结上打一个平结（见第137页）（**如图3**）。滴上一点黏合剂加以固定（**如图4**），让其风干。重复此步骤，用第二个扣环完成串珠线的另一端。

7.当黏合剂风干后，紧贴剪掉多余的线头。用卷盖将结盖住，然后用压线钳压紧卷盖（**如图5**）。

8.用两把钳子打开一个扣环，加上龙虾扣，再用钳子将扣环闭合。用钳子打开第二个扣环，加上1个小圆铃，再用钳子将扣环闭合。

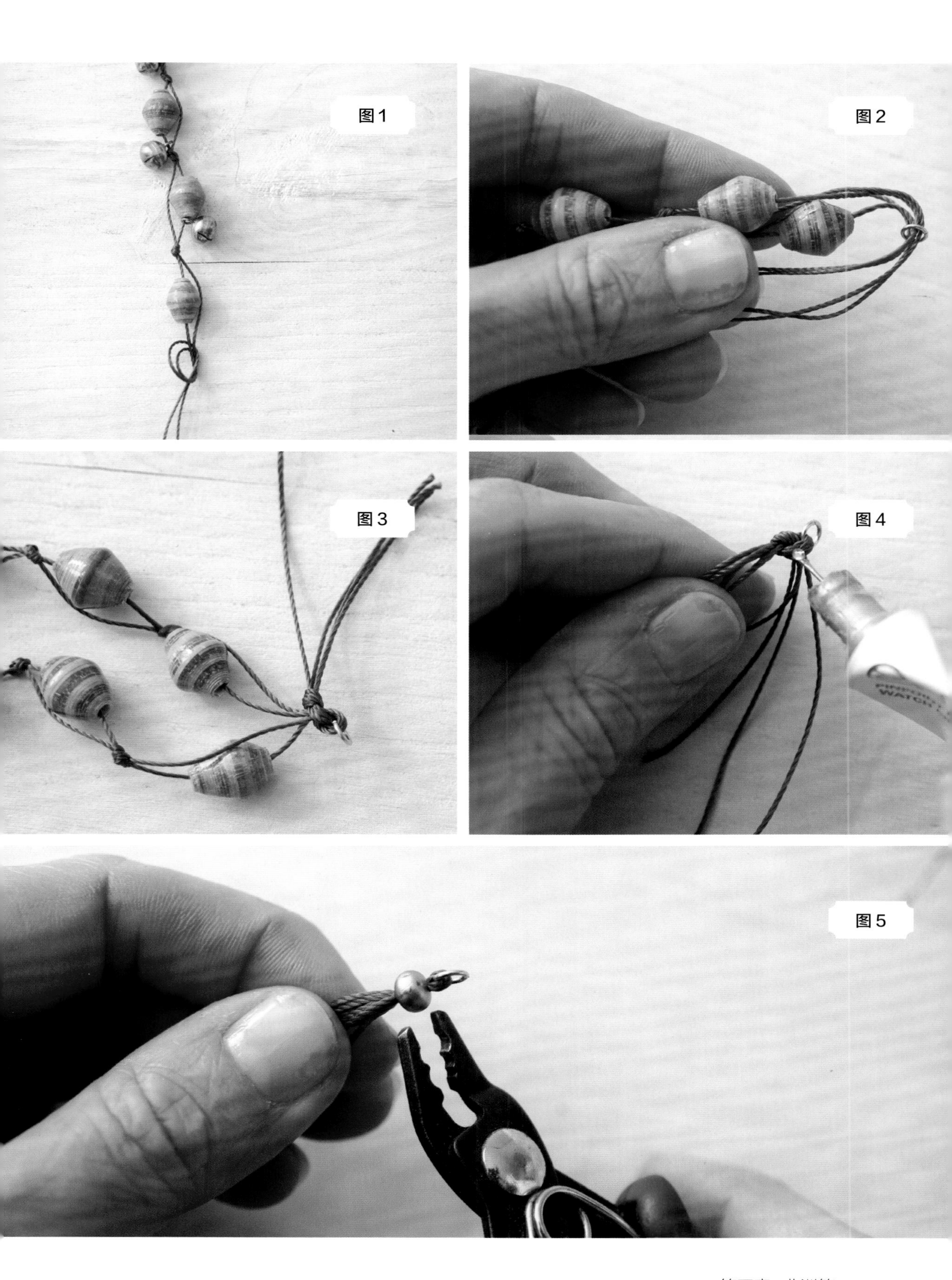
图1
图2
图3
图4
图5

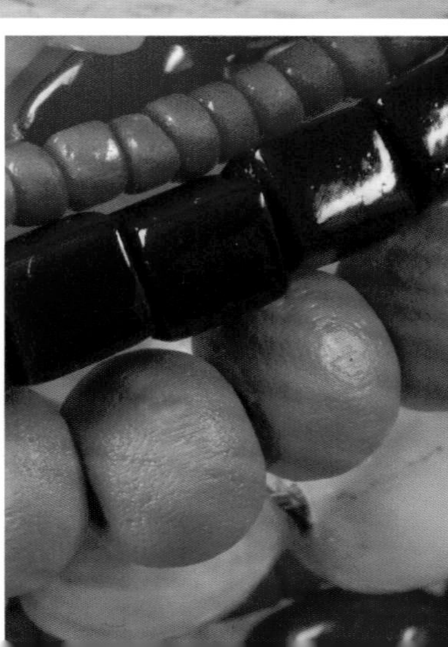

肯尼亚：

马萨伊手链

当我们的路虎车停在村庄的篱笆旁时，全村人都过来迎接我，我很快就被一群孩童围了起来，他们的个头只到我的腰部。我接过他们送我的一葫芦奶茶，满怀感激地点了点头。一直到我喝完，我们都在微笑着互相点头，尽管尴尬却不失温暖。

现在是下午晚些时候，村里的妇女们聚集在一棵枝繁叶茂的相思树树荫下。她们剃过的头像咖啡豆一样黑，耳垂上挂着分量十足又色彩斑斓的珠串耳环，脖子上也都戴着沉甸甸的项链。有些人靠着熟睡的婴儿席地而坐，其他人则坐在矮凳上，都在忙着干活。在树下串珠是一段特别的时光。在这儿，串珠是家常便饭，就像挤牛奶和做饭一样。因此，她们都早早完成了其他工作，这样她们就可以在这里一起度过更多的时光。这是她们发挥创造力、磨练技艺、小露一手和创造美好事物的时候。马萨伊人有一种古老的串珠传统（谁说的来着？），她们娴熟的技艺说明了这一点。

提吉斯在垫子上串着一个又大又平的项圈，一个图案密集的围兜周围镶有好几圈珠子。看着她的作品，我被她对式样和色彩的构思以及她娴熟的技艺深深地震撼了。她把这个圆形项圈做成了村子的地图：大块的三角形拼凑在一起，代表每家的“伊卡吉克”（即房子）所在的位置。在边缘，她使用黑白相间的图案，代表环绕着整个村庄的防护篱笆。提吉斯用上了对她和她们村而言有意义的颜色来为自己的作品上色：黑色代表村民，白色代表牛奶以及他们的食物，橙色象征着热情好客，红色代表马萨伊人的强大和团结。提吉斯制作这条华美的项链，是为了能让她的女儿在一个月后的某一天佩戴上。在提吉斯的女儿结婚当天，她将佩戴上她母亲亲手制做的精美手工艺饰品，并且她们村的人都会簇拥在她周围。

马萨伊的妇女戴着许许多多的项链来作为身份象征。这一圈圈的马萨伊手链也可以成为你身份的象征。传统的色调和样式，以及那黑白相间的一圈代表着村庄的篱笆，就像马萨伊人项圈上的一样。

材料

92粒直径5毫米黑白相间的天珠玛瑙珠
106粒棱长4毫米亚光红色方珠
97粒直径4毫米葵花色刻面双锥珠
61块6毫米红珊瑚块
225粒直径2毫米亚光红色玻璃珠
50粒棱长4毫米亚光透明绿色方珠
49粒棱长4毫米钴蓝色方珠
65粒高5毫米×直径7毫米浅橙色木制垫珠
12粒7毫（短直径）米×9毫米（长直径）橙色玻璃乌鸦石
23粒7毫米（短直径）×9毫米（长直径）白色薏苡粒
27粒7毫米（短直径）×9毫米（长直径）洲黄铜米珠
84粒2毫米（高）×直径5毫米蓝绿色椰形垫珠
24圈60毫米金色记忆丝

工具

记忆丝线钳
圆嘴钳

成品尺寸

5厘米（宽）×7.5厘米（高）

1.在记忆丝上串：
47粒黑白相间的天珠玛瑙珠
53粒亚光红色方珠
84粒蓝绿色椰形垫珠
46粒葵花色刻面双锥珠
40粒浅橙色木制垫珠
26钴蓝色方珠
23粒亚光透明绿色方珠
30粒红珊瑚块
119粒亚光红色玻璃珠
27粒非洲黄铜米珠
23粒白色薏苡粒
12粒橙色玻璃乌鸦石
25粒浅橙色木制垫珠
27粒亚光透明绿色方珠
23钴蓝色方珠
106粒亚光红色玻璃珠
31粒红珊瑚块
51粒葵花色刻面双锥珠
53粒亚光红色方珠
45粒黑白相间的天珠玛瑙珠

2.确保珠子都推到一起，珠子之间不要留下大的空隙。用记忆丝线钳在距离最后一粒珠子4厘米的地方剪切记忆丝，用圆嘴钳做一个单环（参见134页；**如图1**）。

3.用记忆丝线钳在另一端距离最后一粒珠子4厘米的地方剪切记忆丝，用圆嘴钳做一个单环。

图1

埃及：

现代法老项圈

当我遥望开罗时，已是日薄西山。褐色的房屋零星地散布着，屋顶上安装着卫星锅盖。下面的街道上人流涌动：通勤的人们、边牵着孩子的手边打电话的妈妈们……穿着T恤衫的那群家伙看上去在漫无目的地闲逛。越过这座城市，金字塔在沙漠中高高耸立，宛如古代的哨兵。沙色的雾霭模糊了它们标志性的轮廓，赋予了它们梦幻般的、飘渺的神秘感。它们头顶着静谧的蓝色天空，失重一般地盘旋着，黄昏的余晖褪去，金字塔底也被完全笼罩。

这里的博物馆摆满了埃及的艺术品和手工艺品，那种我们公认的埃及标志性风格——圣甲虫、珠光宝气、象形文字以及黄金。一种法老风格仿佛从某处的莎草纸跃出，流入了我读过的每一本历史书。然而，我必须要把古埃及文化与现在身处的文化区别开来。今日的开罗有着它自己的风格，即现代化、激进而且紧跟时尚。在老城的基层社会中，时而是传统埃及人，时而是西方人，这些不同面貌的开罗人汇聚在一起，创造了新的事物。以金字塔为背景，这座城市跟随着自己纷繁复杂的旋律在跃动。

这款现代法老项圈把开罗的方方面面结合在一起，巧妙地运用了各种元素，在时尚潮流中独树一帜。我选择了长方形的碎玻璃，因为它们代表了金字塔在黄昏时分的沧桑之美——碎玻璃的亚光表面在我看来像是被沙子冲刷过一般，而淡淡的水蓝色则像是黯淡的沙漠星空。其余的设计都是法老风格的，让人回想起古埃及。该作品的尺寸正是法老穿戴的那种宽大的项圈，不仅适合穿戴，在外观上也显得更加精巧。项链上有黄金垂饰。黄金被法老们珍视并用于炫耀，而现在我们可以戴着它出去晃上一整夜了。

材料

1根14厘米长的镀金丝项圈
11粒（10～18）毫米（宽）×（15～25）毫米（长）
25毫米刻面长方珠
42粒棱长3.3毫米的镀金无角方珠
2个直径18毫米亚光金苏丹印花挂坠
2个直径10毫米亚光金苏丹印花挂坠
24个直径5毫米镀金圆形扣环
11枚长5厘米镀金眼钉
3.5米长、直径3毫米圆形金链

工具

扁嘴钳
钢丝钳
两把钳子（用于打开和闭合扣环）

成品尺寸

约13厘米（直径）

1.用钢丝钳将金链剪成35段，每段长10厘米。

2.用钳子打开眼钉的环。在一段金链中间随意取个点，并串到眼钉的环上（**如图1**）。重复此步骤，完成剩余的10枚眼钉和10段金链。

3.在一枚眼钉上，串一粒长方珠。用钢丝钳把超过长方珠10毫米的眼钉部分剪掉，然后拧一个单环（参见134页，**如图2**）。每枚眼钉都要重复这样的步骤，再重复10次。

4.用两把钳子将24个直径5毫米的圆形扣环打开。在一段金链中间随意取个点，并串到圆形扣环上（**如图3**）。重复此步骤，完成剩余的金链和剩余的扣环。

5.拧开项圈的球头，将下列饰品串到项圈上（**如图4**）：6粒镀金无角方珠、1个小苏丹挂坠、2粒镀金无角方珠、1个大苏丹挂坠、2粒镀金无角方珠、2个链式挂坠（串11次）、1粒镀金袖方珠（串11次）、1个碎玻璃挂坠（串11次）、2粒镀金无角方珠（串11次）、1个大苏丹挂坠、2粒镀金无角方珠、1个小苏丹挂坠和6粒镀金无角方珠。拧上颈环的球头。

6.必要时，可以弯曲项圈，使之贴合。

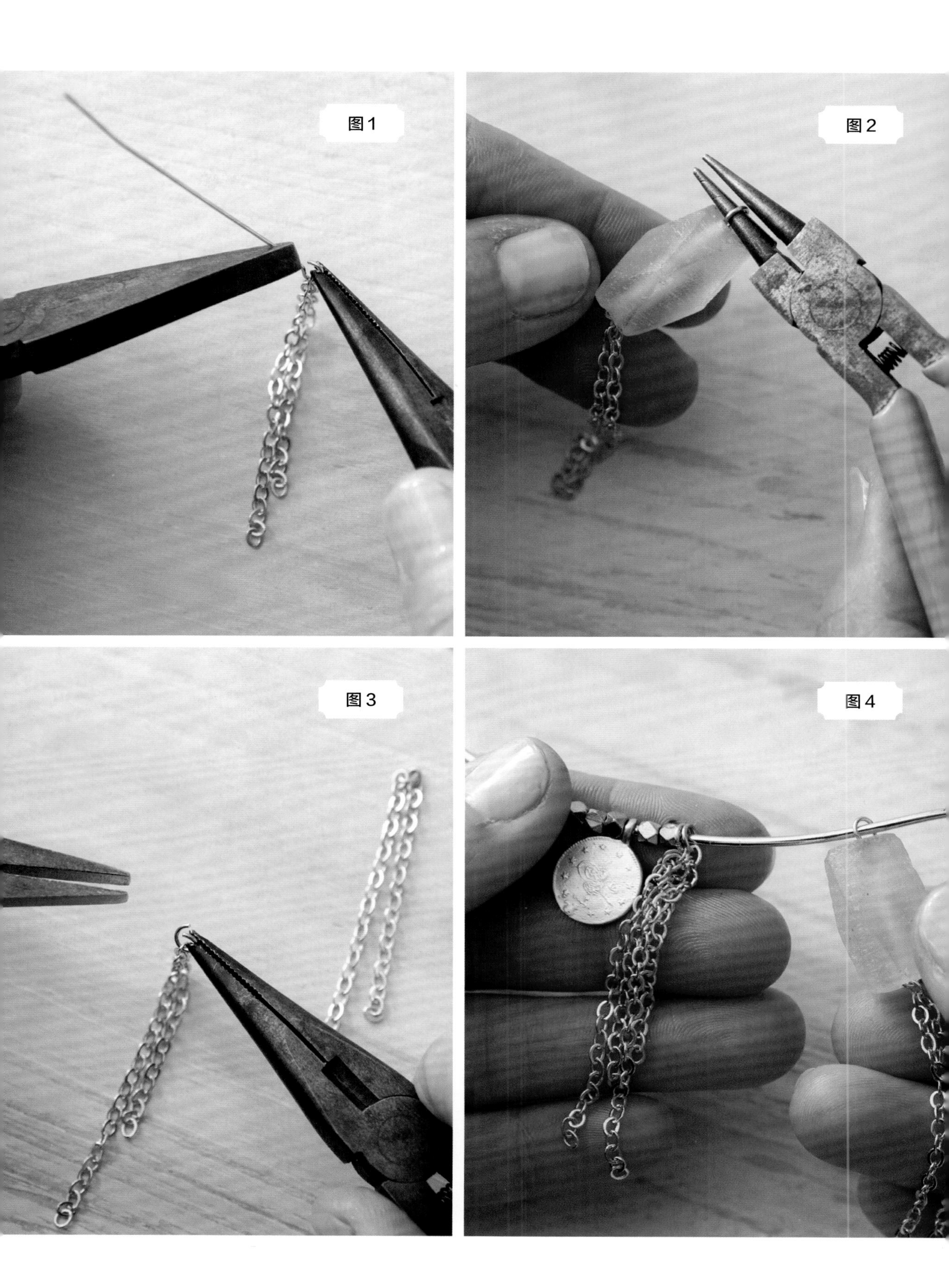
图1
图2
图3
图4

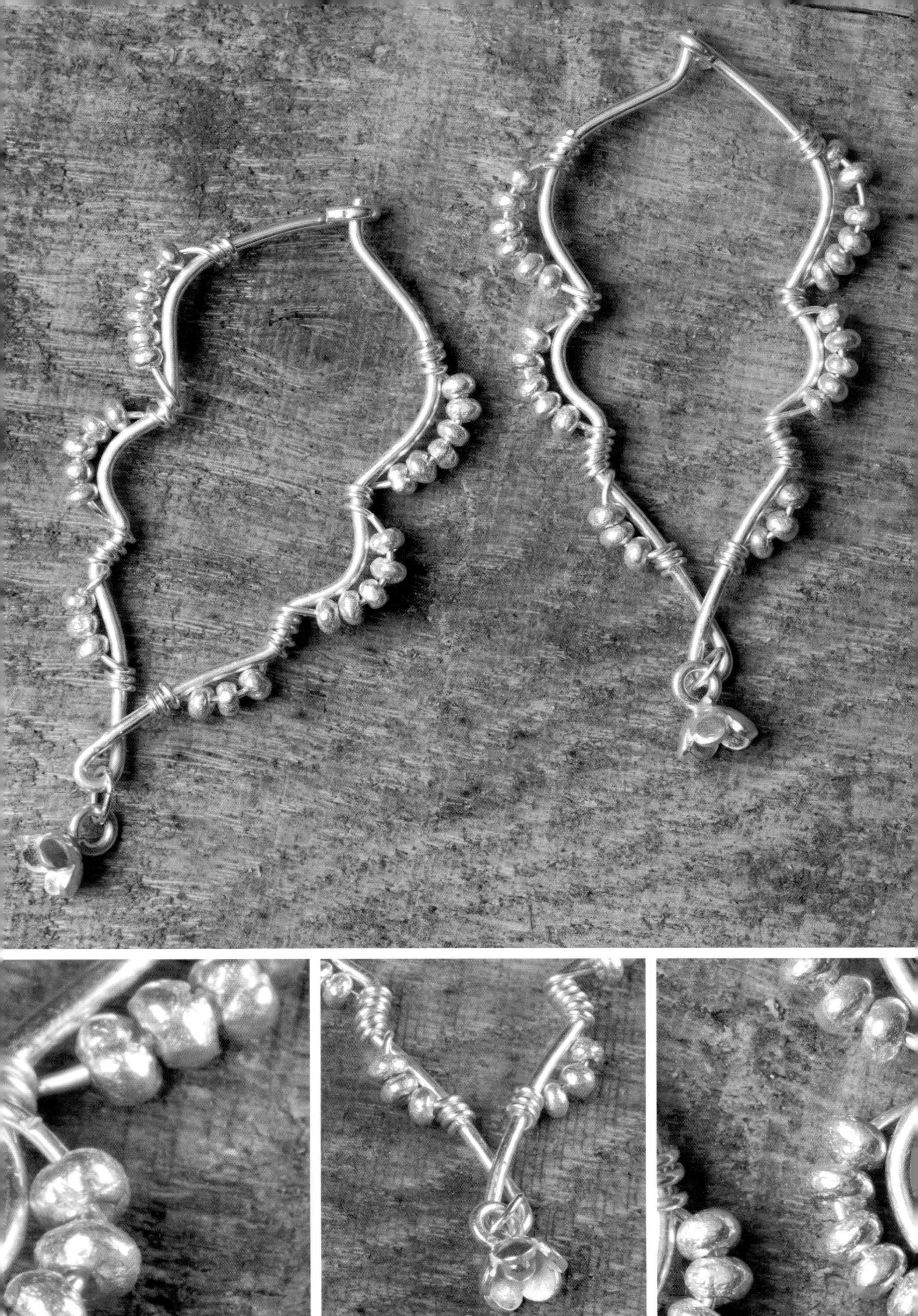

摩洛哥：

茶杯耳环

刚进入一户人家，或是坐下来吃饭前，或是吃完饭后，抑或只是在一家店里逛了三分钟，就会有人给我递上一杯薄荷茶。从这一慷慨的举动便足以看出摩洛哥人的热情好客。我算不上是一个茶艺爱好者，不过这也无伤大雅。喝这种薄荷茶（这里称之为“薏苔”）在摩洛哥文化上举足轻重，不容推辞，要是拒绝的话就会有失礼节。

现在我也开始对茶有一点上瘾了，一天中的茶歇时光重新调整了我横冲直撞的生活节奏。那样的生活节奏虽然我习以为常，但事实上却毫无裨益。

在集市上闲逛时，我停下来喝了杯茶。满大街都是驮满了地毯和货物的驴子与卖力推销的商贩。在这片混乱中，我发现自己就身处世外桃源。在我的小咖啡桌旁，铜盘上静静地摆着一套茶具。陈旧的银茶壶很庄重，但是比欧式茶壶更弯曲——它是马格里布风格的。我能闻到茶香，薄荷和苦艾酒与珠茶茶叶交融在一起，就像经历了时光洗礼的一对恋人。雾气摇曳，从茶杯中盘旋而起，如痴如醉。茶稍凉我便端详着茶杯，这是此情此景中最美的部分。从杯口到洋红色的玻璃，都采用了华丽而又卷曲的设计。这样的设计浪漫、奔放、热情洋溢，就像紫藤花洒在篱笆架上。精致的线条沿着呈黑桃的形状而弯曲，形成了曲线花纹。这样的设计典雅宜人，又洒脱不羁，是典型的摩洛哥风格，就像我逐渐喜欢上的那些茶歇时光一样。

这款耳环的摩尔形状以及精致的饰边小环诠释了摩洛哥茶杯设计的可爱之处，着实有趣。大胆的设计，又带有精巧的缀饰。耳环选用纯银材料，因此它们就像看上去的那样奢华。你可以去找镀金的样式，但要在材料上花费更多心思才会选出极佳的材料，当然，也很浪费材料。考虑到更经济性的问题，你可以选择镀银的金属，只要确保戴上耳环的人不对金属过敏就行。我按步骤制作这些耳环，要是我没法把金属丝弄成我想要的形状，我就会稍微把这项工作放一放，休息一下。因为同丝线的缠斗过程会有点枯燥，所以我不想在沮丧中将过多的精力放在这道步骤上。

材料

一条30.5厘米长的16号半硬纯银丝

一条60厘米长的22号半硬纯银丝

56粒2毫米（高）× 直径3毫米的泰银垫珠

2个椭圆形银质扣环

2个直径8毫米的纯银花形吊坠

工具

钢丝钳

扁嘴钳

圆嘴钳

压线钳

两把钳子（用于打开和闭合扣环）

铅笔

耐久性记号笔

杯钻

锤子

圆板

成品尺寸

5厘米（长）×2.5厘米（宽）

注意：想制成两只一模一样的耳环，就要让两只耳环同时成形。在一只耳环上每进行一步，就在另一只耳环上重复这一步。不要先做完一只耳环，然后再做另一只。如果你能同步完成两只耳环，那么就更容易让两只耳环完全一样。

1.用钢丝钳将16号纯银丝剪成2段，每段长15厘米。

2.用圆嘴钳在一段纯银丝的正中间拧一个圈，将两端呈V字形拉开（**如图1**）。重复此步骤，完成第二段纯银丝。

3.按照下图式样，用扁嘴钳弯折丝线，正反方向各一次，形成“台阶”状。在V字形的另一条边上重复此步骤（**如图2**）。再重复此步骤，完成第二段丝线。

4.用铅笔将一段丝线凹成半圆状（**如图3**）。用扁嘴钳将丝线反向弯折，形成半圆状。在另一段丝线上重复此步骤（**如图4**）。再重复此步骤，完成第二段丝线。

5.用耐久性记号笔将一段丝线凹成更大的半圆状。在另一段丝线上重复此步骤（**如图5**）。再重复此步骤，完成第二段丝线。

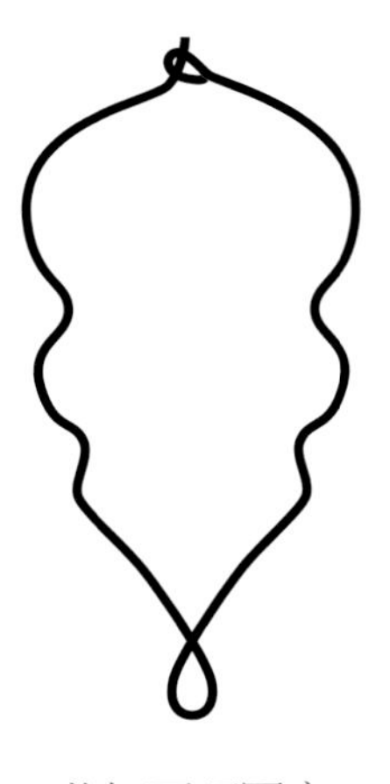

茶杯耳环图案

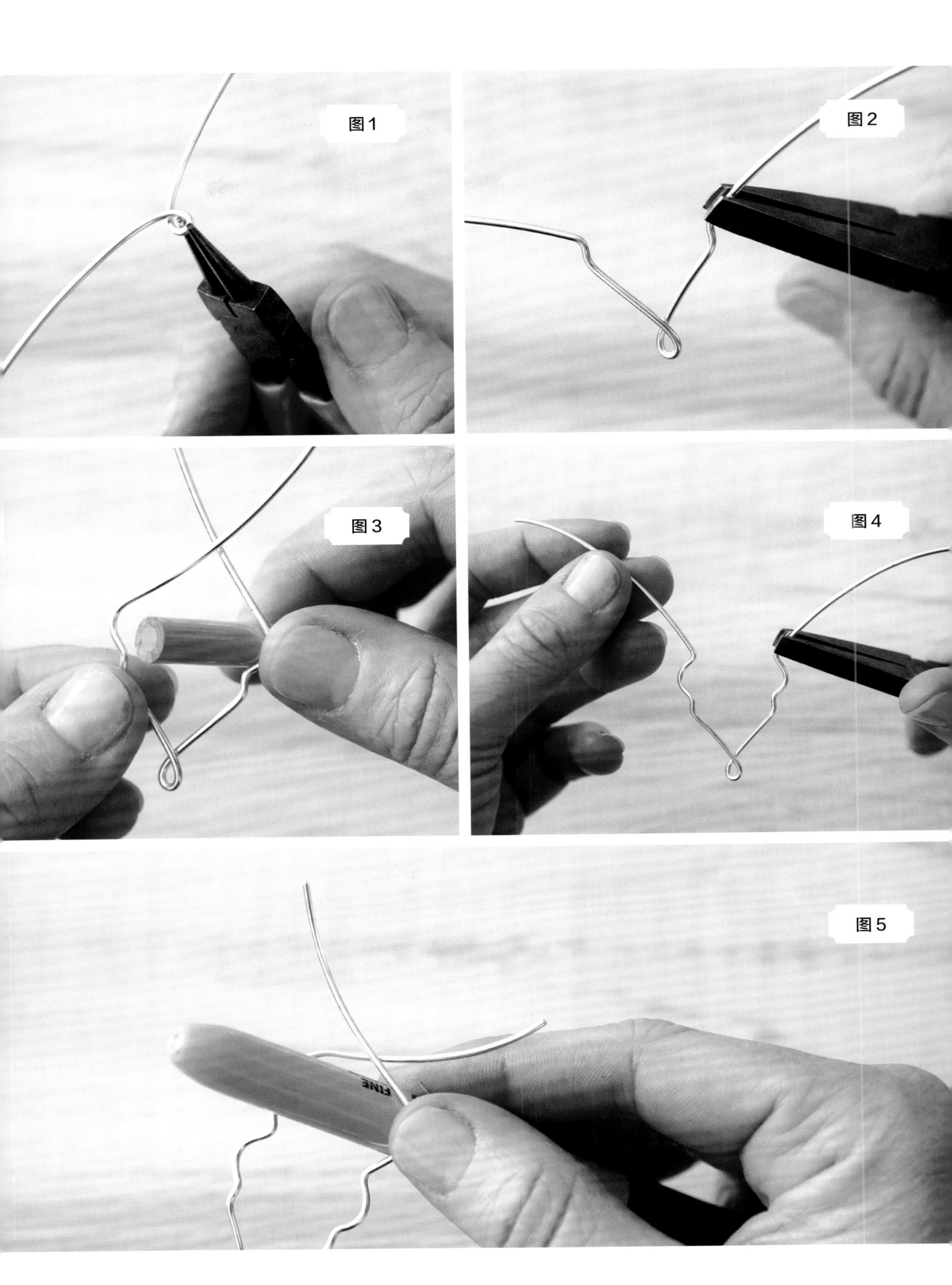
图1
图2
图3
图4
图5

6.用扁嘴钳将顶端的一段丝线弯折（**如图6**）。用钢丝钳将距离弯折处约5毫米的丝线剪掉，用杯钻将纯银丝线头钝化（**如图7**）。重复此步骤，完成第二段丝线。

7.将两段丝线的线头交叉，用扁嘴钳在第一段丝线弯折的地方将第二段丝线垂直弯折（**如图8**）。用钢丝钳在距离弯曲处大约10毫米的地方将丝线剪掉。用圆嘴钳做一个单环（参见134页），作为耳环后端的卡口（**如图9**）。必要时用扁嘴钳弯折丝线，以便丝线轻松地穿入单环。

8.让单环远离丝线末端，锤击成型体，避免锤击到底环。

9.用钢丝钳将22号纯银丝剪成4段，每段长15厘米。

10.从底端的环开始，系上一段丝线，留出1.3厘米的长度。按照图10式样，将丝线绕着成型体缠绕三圈，把3粒垫珠串到丝线上（**如图10**），然后将丝线折回到成型体的同一侧，再将丝线缠绕五圈。用同样的方式把5粒垫珠串到丝线上，缠绕2圈，串上6粒垫珠，再缠绕2圈。

11.用扁嘴钳将丝线拉紧，用钢丝钳紧贴将线尾剪掉。用压线钳将线尾紧贴成型体进行冲压。重复此步骤，完成丝线起始端。

12.重复步骤10和11，重复三次，直到成型体的每一边都有丝线和珠子的装饰。

13.用两把钳子将2个椭圆形扣环打开。将1个银花挂坠穿到一个扣环上，再串到成形体的底环上（**如图11**），再用两把钳子将开口闭合。重复此步骤，完成第二个银花挂坠和第二个成型体。

图6
图7
图8
图9
图10
图11

de
Virgin

Virgin

塞内加尔：

再生锡项链

埃尔哈吉工作很麻利。他的工作室就是集市上的一个小帐篷，他坐在一张矮桌旁，工具是一个倒置的水桶。他右手边放着一个塑料洗衣篮，里面装满了刷洗过的易拉罐，罐子的顶部和底部都去掉了。我坐在他左手边，靠着他的手肘，看着他工作。

埃尔哈吉右手操着一对粗糙的钳子，加工着一段又长又粗的金属丝。金属丝很难加工，但对他而言似乎很轻易就能用钳子将丝线变成弯曲状或尖角状。不一会儿，他就做成了一只鹬的骨架，有着丰满的身躯和瘦削的鸟腿。紧接着，埃尔哈吉从篮子里拿起一个易拉罐和一把生锈的厨房剪刀。他小心翼翼地用刀片在罐子顶部划出长长的印迹，从罐子顶部附近剪下一个几乎没有向下蜷曲的小角。当他剪切的时候，一条红白相间的印花金属薄带逐渐延伸开，就像站在阿巴拉契亚式走廊上削苹果皮一样。他在这一道步骤上放慢了节奏，确保切出宽度均匀的条带，大约0.5厘米宽。他完成剪切后，便将切下的金属带缠绕在骨架上。当看出他使用基本的编篮技术时我会心一笑。用传统的编篮技术做一只奇怪的易拉罐鸟！我是不是应该感到惊讶呢？埃尔哈吉富有创造力，不为有限资源所约束，反而从中得到启发并接受历练。

完工后，他把成品放在桌边，小心翼翼地将其转向集市，就像向朝廷进贡一般。然后，他从一大捆金属丝上切下长长的一段，开始制作下一件作品。

由回收的材料制成的作品有着相似的外观，张扬、色彩斑斓，常常显得有点寒酸。当然，它们不合所有人的口味！但对我们这些喜欢大胆地使用回收材料的人来说，这款项链是值得一试的。随意使用不同种类的印花金属（例如嚼烟罐），但务必记住，较粗的金属需要用宝石匠的专用锯进行切割，也需用更粗的砂纸来打磨金属毛刺。

材料

印花金属罐
总长度为12.5厘米的10毫米（长）×12毫米（宽）的非焊接古铜色椭圆环链
1个15毫米（长）×直径2毫米的古铜色龙虾扣
72个直径5毫米古铜色圆形开口扣环
8个5毫米（短直径）×7毫米（长直径）古铜色椭圆形开口扣环
8个12毫米（长）×5毫米（宽）古铜色桨形吊坠

工具

锡板剪或重型剪刀
开罐器
金属打孔机
两把钳子（用于打开和闭合扣环）
扁嘴钳
钢丝钳
220号砂纸
耐久性记号笔

成品尺寸

约53厘米（长）

注意：买的罐子一定要是由印花金属而非收缩膜铭牌制成的。找些有趣的印花易拉罐，如有一些品牌的橄榄油、酱油、茶叶和咖啡仍然装在印花金属罐中销售，葡萄酒罐也是个不错的选择。不过，要尽量避免使用大部分现在制造的苏打水或啤酒罐，因为它们不够坚固，不宜用来制作这款项链。

1.用开罐器将罐子顶部处理掉并清空罐子，罐底也一并处理掉。清洗并擦干罐子。

2.用锡板剪将罐子一侧向下剪开，并将罐子弄平整。

3.复制或临摹第109页模板中的瓦片形状。

4.用耐久性记号笔，在金属上描出瓦片形状，注意要选择罐子上最好看的部分（**如图1**）。

5.用锡板剪将瓦片形状剪出来，用砂纸把每一片的边缘打磨光滑。

6.用耐久性记号笔在每一片上描出标记孔的位置的点。

7.用金属打孔机打孔（**如图2**），用钢丝钳去除所有的金属碎屑，用扁嘴钳压平所有不平整的金属边缘。

8.将锡瓦片按顺序排好（**如图3**）。除了前面3片和最后2片上的单孔外，在每个孔上串一个5毫米的扣环（**如图4**），再用钳子将串上的扣环闭合。

9.用钳子，借助一个直径5毫米的扣环，将串上的扣环连接起来，再用钳子将开口闭合（**如图5**）。

10.用钢丝钳把环链剪成2段，每段长约6厘米。用钳子将一段环链末端的环打开，然后串到一端的锡瓦片上，再用钳子将开口闭合。重复此步骤，完成第二段环链和第二端的锡瓦片。

11.用钳子将环链的自由端打开，串上龙虾扣，再用钳子将开口闭合。

12.用1个椭圆形开口扣环将1个桨形吊坠串到底部的孔上，再用钳子将开口闭合。重复此步骤，完成剩下的桨形吊坠和椭圆扣环。

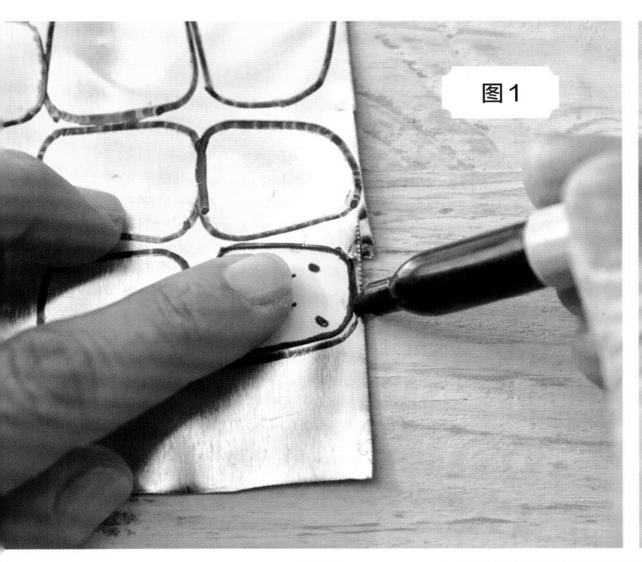

图1

Consumir preferentemente
antes del: ver tapa
ML (24 FL OZ)

图2

Consumir preferentemente
antes del: ver tapa
EN FRIO
0,4%
ESPAÑA
TENIDO NETO 7
O EN ESPAÑA PO

图3

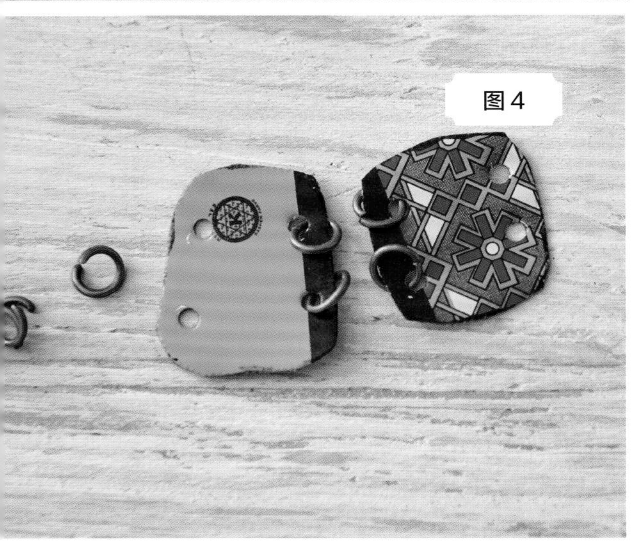

图4

图5

0
4

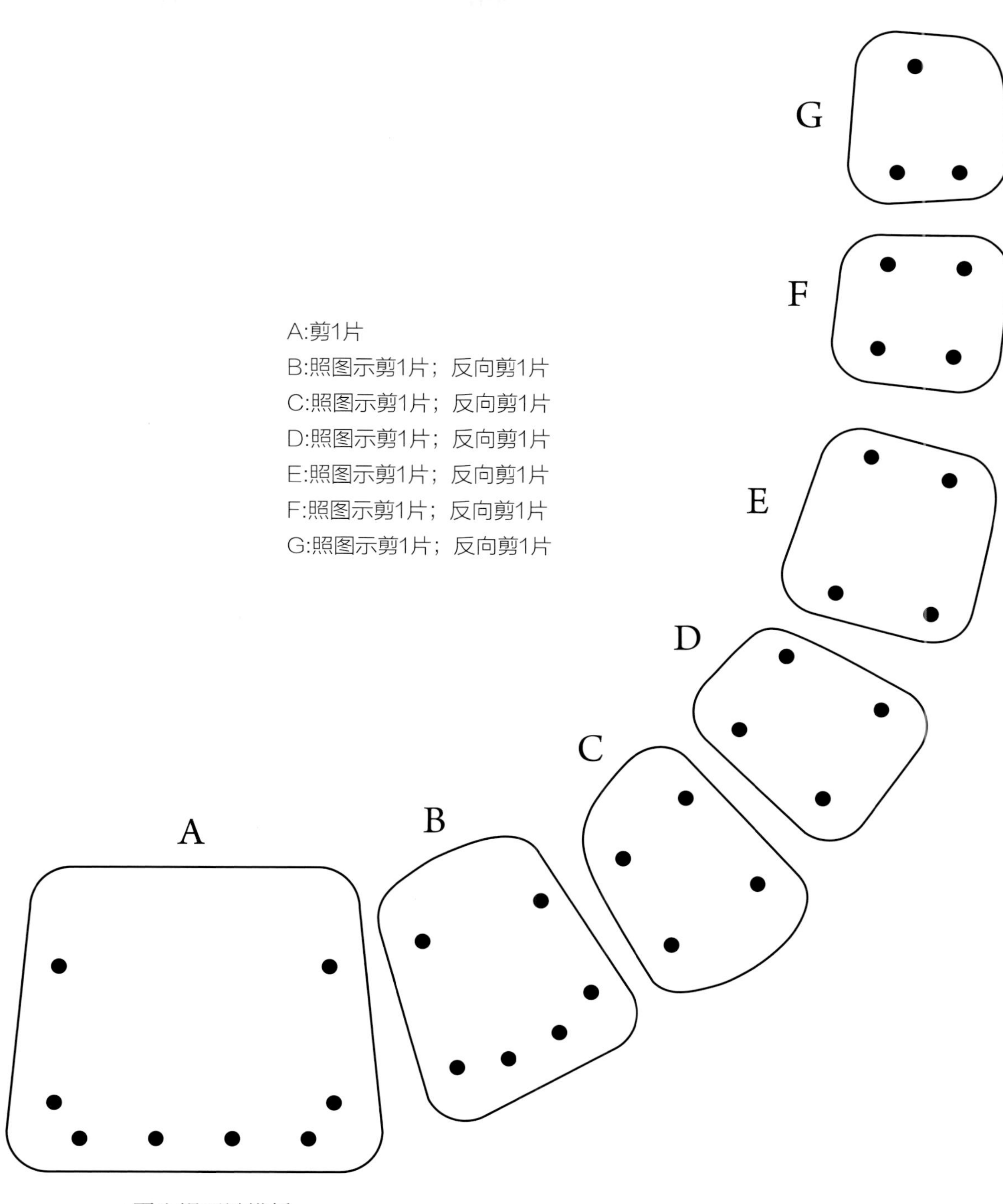
G
F
A:剪1片
B:照图示剪1片；反向剪1片
C:照图示剪1片；反向剪1片
D:照图示剪1片；反向剪1片
E:照图示剪1片；反向剪1片
F:照图示剪1片；反向剪1片
G:照图示剪1片；反向剪1片
E
D
C
A
B

再生锡项链模板

第五章

拉丁美洲篇

拉丁美洲文化中融合了两种鲜明的民族特征：伊比利亚文化（西班牙文化）和土著文化（美洲印第安文化）。西班牙人一到新大陆，这两种文化就开始交融，衍生出一种新的西班牙裔文化。现在仍然有西班牙人或美洲印第安人独占的飞地，因此今天的拉丁美洲呈现了大量的交融文化。探索一下拉丁美洲的设计风格，你就可以在这里看到伊比利亚文化的影响——西班牙花、天主教的图像和符号。你也可以看见土著文化的影响——高地羊毛、斑斓的彩绘和编织技艺。这两种一度截然不同的文化现在交融在一起，形成了拉丁美洲的风格。一方面，我们发现设计风格深受土著文化的影响，另一方面，我们看到更多的伊比利亚设计。它们是如此鲜艳多姿，美丽动人。

墨西哥：

弗里达·卡罗耳环

在一座涂成柯达胶卷蓝色的房子里，走进餐厅，脚下铺满了鲜黄的地板。我身处蓝屋，向墨西哥艺术家的杰出代表——弗里达·卡罗致敬。卡罗生前在这里生活并创作绘画。当我慢慢地穿过摆满她可爱的个人物品的房间时，有一种诡异的感觉。因为这里到处都是生动鲜艳的物件，这是一座很漂亮的博物馆，但也有点吓人。

离开博物馆后，我买了些必不可少的弗里达纪念品——一个羊毛弗里达分忧玩偶（我针线盒的新针插）和一顶弗里达女帽。我决定把自己从各种颜色的混乱中解脱出来。我从一个街头小贩那里买了一个大号墨西哥三明治和冰淇淋，坐到了花园的围墙上，身边放着啤酒，手里捧着三明治，沐浴在阳光下，漫无目的地看着来来往往的行人。

遍观了弗里达的作品后，我的内心五味杂陈。我带着对偶像弗里达的爱来此，弗里达是一个女性主义的叛逆者，然而她抱病的凄惨生活与其浮夸的形象形成了奇怪的对照——鲜亮的民族服装、夸张的发型、大胆的巨型珠宝首饰！我对这样的脱节感到疑惑不解。我想知道，把自己的形象塑造得如此夸张，她究竟是有意为之还是无心之举？到最后，我觉得这其实并不重要，我们每个人都在塑造形象来让世人了解我们自己。弗里达的形象是奇幻多彩的，仅此而已。

这款耳环大胆、略显夸张，就像弗里达本人一样。夺人眼球的巨型树脂红玫瑰是为了致敬弗里达那标志性的特大饰花头带。当然你也可以按照自己的喜好缩小这一比例，小一点的玫瑰珠有点奇怪，大尺寸才符合弗里达引人注目的风格。为了弱化玫瑰珠的塑料感，我涂上了用马尔萨拉红漆调色的亚光漆。这赋予了玫瑰柔软的外观，让它们看起来不像是爆米花里附赠的奖品。最后，锤击过的黄铜桨形吊坠让这些已经很长的耳环增长了近5厘米，更增添了戏剧感。在结构方面，完成这款耳环要求极高，因此要反复努力尝试才把它们弄好的话，不要泄气。你要把玫瑰顶部和底部的环紧紧地固定住，这样它们就会面朝前方（并且不会转来转去）。切记：这些只是金属丝罢了，容易定形，也容易变形。

材料

2个直径28毫米的红色树脂玫瑰珠
20个长7.5厘米的18号黄铜桨形吊坠
2个长25毫米的黄铜耳勾
15厘米长的21号黄铜方丝
亚光丙烯酸清漆
深红色丙烯酸颜料
（这里用的是迪考艺术中的“深樱桃红”）

工具

画笔和调色板
牙签
圆嘴钳
扁嘴钳
两把钳子
（用于缠绕丝线以及扣环的打开和闭合）
压线钳
钢丝钳

成品尺寸

约7.5厘米（长）

1.把四分之一匙清漆和两滴深红色丙烯酸漆挤在调色板上，用牙签搅拌均匀。给树脂玫瑰上色，待其风干（**如图1**）。涂上第二层，待其风干，过程至少需要24个小时。

2.用钢丝钳将黄铜桨形吊坠按以下长度剪切：四段50毫米（A）、四段40毫米（B）、两段35毫米（C）、两段30毫米（D）以及两段28毫米（E）（**如图2**）。

3.用圆嘴钳在每个桨形吊坠的丝线端做一个单环（参见134页），确保单环与桨面垂直（**如图3**）。

4.用钢丝钳将黄铜方丝剪成2段，每段长7.5厘米。

5.用扁嘴钳和一段黄铜方丝做成一个钝角三角形单环，底边长10毫米，距离方丝一端约4厘米（**如图4**）。重复此步骤，完成第二段黄铜方丝。

6.在一个三角形环上按以下顺序串上7个黄铜桨形吊坠：E，C，B，A，B，A，D，确保所有的环朝向一致。用钳子将丝线较短的一边缠绕在三角形的顶部（**如图5**）。用钢丝钳把多余的部分剪掉，并用压线钳压紧。重复此步骤，完成第二个三角形环，但要把桨形吊坠的顺序颠倒为：D，A，B，A，B，C，E。

7.把树脂玫瑰串上到方丝上，并调整三角形环，使桨面与树脂玫瑰朝向一致（**如图6**）。用扁嘴钳在尽可能靠近玫瑰的地方把方丝弯折90°，用钢丝钳剪切，留下10毫米的长度即可。用圆嘴钳做一个单环，让单环尽可能卡紧树脂玫瑰。重复此步骤，完成第二段方丝和第二朵树脂玫瑰。

8.用钳子将耳勾打开。在单环里增加一条丝线，再用钳子将丝线闭合。重复此步骤，完成第二条耳勾和第二朵玫瑰。

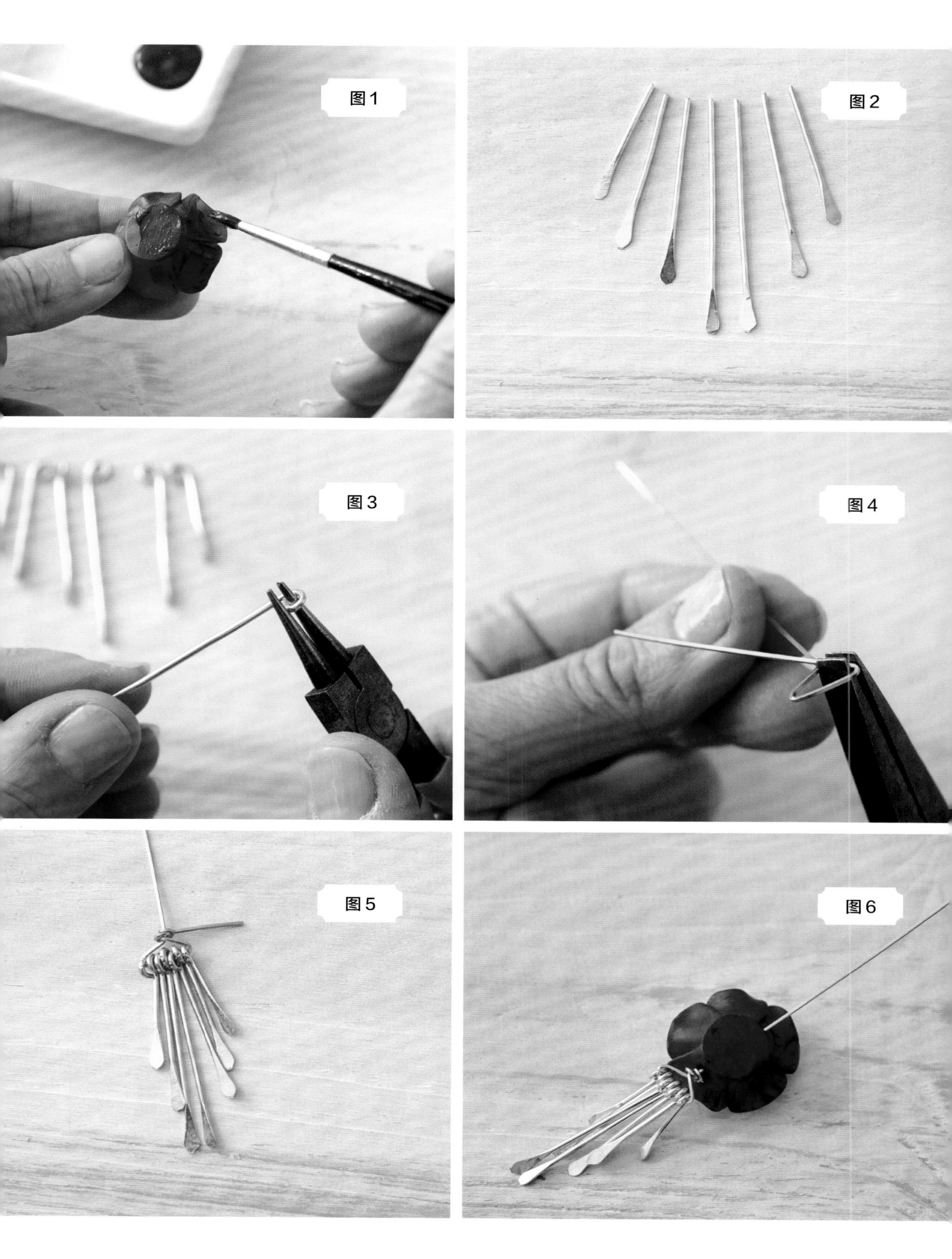
图1
图2
图3
图4
图5
图6

西亚马孙流域：

西皮沃缠绕式手链

经过了在库斯科郊外印加古道上的长途跋涉和露营之后，我们来到了马尔多纳多港。这里地处秘鲁低地，我们从这里进入了亚马孙盆地。那里郁郁葱葱，炎热潮湿。不过，在山里待了十天之后，我终于能喘口气了。

走在小镇上，我看到一个西皮沃妇女正在售卖极其炫酷的刺绣。这种刺绣我前所未见。两天过后，我才找到会讲西皮沃语的人来帮我问问她关于刺绣的事情。“她说，在她还是个孩子的时候，所有妇女都聚在一起做一件刺绣。现如今，她独自做出这些刺绣，并把它们卖给游客。”他翻译道。我用手指摸了摸刺绣，令我感到惊讶的是，这些刺绣的理念竟如此简单——它就是一个迷宫，短短的线条、简单的角度和颜色，就仅仅是以辣椒橙色为背景画了许多碳黑色线条。这两种简单的颜色组合在一起真是精妙极了，鲜明的对比成就了大胆的设计。迷宫般曲折的图案有种催眠的感觉。

“这让我想起了电路板！”我喊了出来。我的翻译皱着眉头，不以为然。“好吧，不是很像电路板，”我又清了清嗓子更正道：“你能问问她这些设计的灵感来源吗？”在经过了短暂的交流之后，他接着说：“她说灵感源自死藤水。”“那是什么？”我问道。“死藤水是他们泡茶喝的一种植物。”我不明白一种植物要怎样阐释设计灵感，但是我不想再浪费翻译的时间和耐心了。他看出了我的困惑，善意地悄悄透露道：“这是一种……迷幻茶。”哦！我现在懂了。

这款手链的加长缠绕设计非常简单，有着诸多炫酷的元素。鸡母珠与西皮沃刺绣上的红黑色调相呼应，而银色圆盘吊坠看起来很像一些西皮沃男人戴的鼻环。作为一个小彩蛋，我把一段摩斯密码的信息编入了红珊瑚珠的部分。内容是“terraincognita”，在拉丁语中意指“未知之地”。这个短语出现在古代的地图上，表示未经探索的未知区域，而亚马孙流域西部，直到今天依旧就是这样一片区域。珊瑚筒珠代表着“破折号”，而珊瑚块则代表“点”。

材料

54粒10毫米（长直径）×6毫米（短直径）红黑相间的鸡母珠
15粒直径10毫米粉橙色红土耳其玻璃圆珠
10粒直径8毫米亚光黑色玻璃珠
4个直径6毫米有银缝的非洲圆珠
2粒直径10毫米×8毫米（高）铸铜双锥珠
1个12毫米（长直径）×8毫米（短直径）铸铜圆环
2粒棱长10毫米黑骨无角方珠
17粒12毫米（高）×直径8毫米红珊瑚桶珠（A）
15块棱长6毫米红珊瑚块（B）
14粒11°橙色不透明籽珠（C）
5片直径16毫米锤成的银质圆盘
5个6毫米（长直径）×4毫米（短直径）银质椭圆扣环
1粒35毫米（长直径）×12毫米（短直径）黑色木制套索扣
20厘米（长）、6毫米（宽）的黑色松紧带
122厘米长黑色防火线编织的串珠线
G-S海波黏合剂

工具

剪刀
穿珠针
两把钳子（用于打开和闭合扣环）

成品尺寸

约96.5厘米（长）
绕5圈可用作手链，绕1圈或2圈可用作项链

1.用剪刀将松紧带剪成2段，每段长10厘米。用一段松紧带做一个环，再打一个单结（参见136页），环的直径大约为1.3厘米。松紧带的末端留下4毫米长，其余部分剪掉。

2.重复步骤1，完成第二段松紧带，但是要先把松紧带穿过套索扣的两个孔，然后做成环，打结，剪切（**如图1**）。

3.用两把钳子将椭圆形扣环打开。将1个锤成的银质圆盘串到1个扣环上，再用钳子将开口闭合，做成1个吊坠。再重复4次，完成剩下的圆盘。

4.将一段串珠线串到穿针珠上。在松紧带环结上反复穿丝线，固定环结，最后将丝线穿进线末端的环结上（**如图2**）。

5.把下列饰品依次串到串珠丝上：

1粒铸铜双锥珠、2粒有银缝的非洲圆珠、1粒玻璃圆珠

A、C、B、C、B、A、B、C、B、A、B、C、B、A、2C、2B、C、A、B、C、A、B、C、A、B、C、A、B、C、3A、C、2A、B、C、A、B、B、B、B、C、A、C、C、3A

6粒玻璃珠、28粒鸡母珠、3粒玻璃圆珠。

1粒黑骨无角方珠、1粒黑色玻璃珠、1个锤成的银质圆盘、2粒黑色玻璃珠（串4次）、1个锤成的银质圆盘（串4次）、1粒黑色玻璃珠、1粒黑骨无角方珠。

3粒玻璃珠、26粒鸡母珠、2粒玻璃圆珠、2粒有银缝的非洲圆珠、1粒铸铜双锥珠、1个铸铜圆环。

6.给串珠的部分留出1.3厘米，在有套索扣的松紧带环结上反复穿线，固定环结，最后将丝线穿进线末端的环结上。打几个小结，剪掉多余的丝线。

7.将铸铜双锥珠置于松紧带环旁，盖住松紧带上的结（**如图3**）。滴上几滴黏合剂来固定双锥珠，然后让其风干。将铸铜圆环置于有套索口的松紧带环旁，盖住松紧带上的结（**如图4**）。滴上几滴黏合剂来固定圆环，然后让其风干。

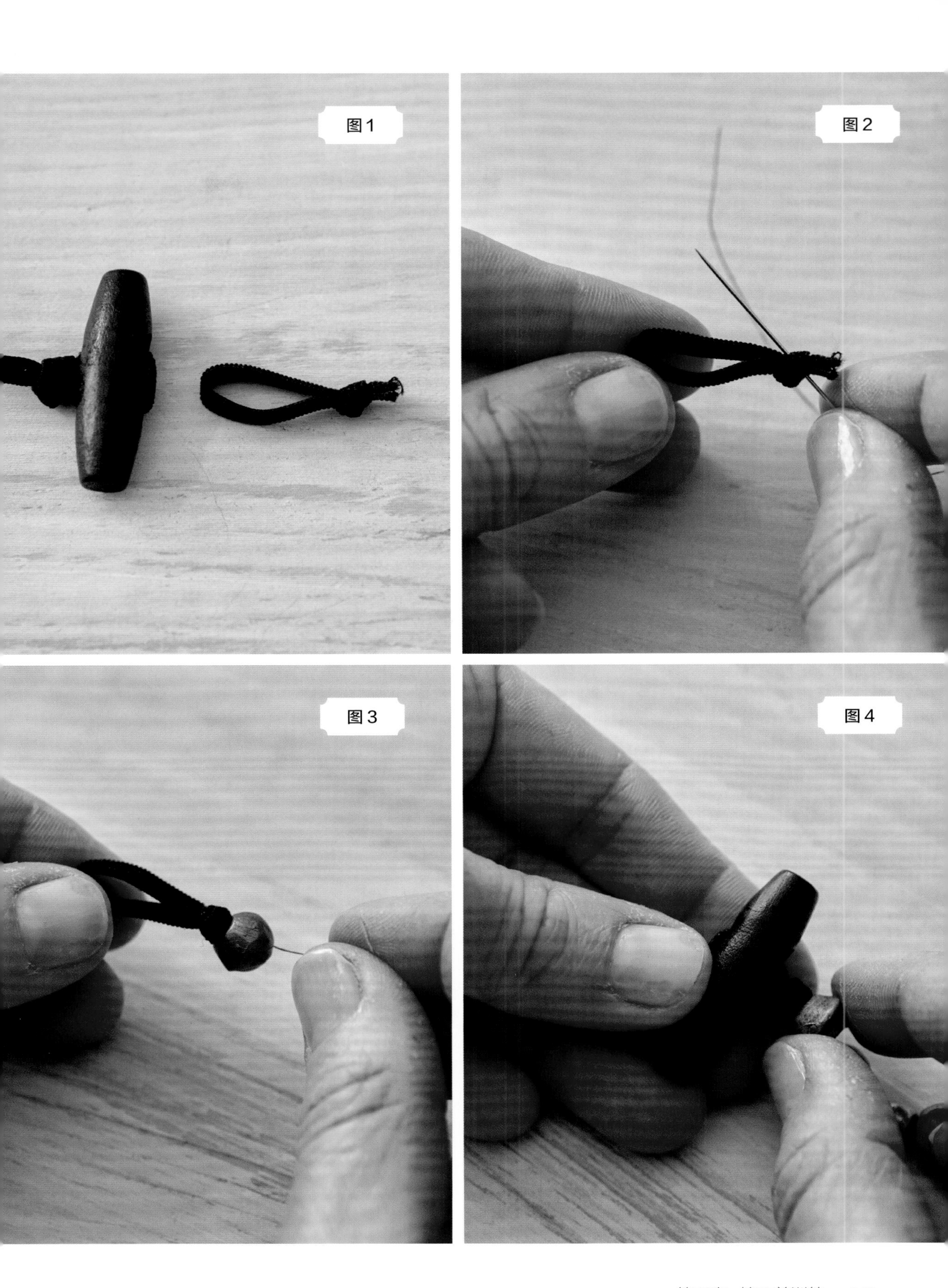
图1
图2
图3
图4

危地马拉：

玛雅编织项链

摩托艇飞驰而过，蓝色的火山隐约出现在高地湖的另一边，那里云雾笼罩，看不见山峰。我正穿过阿蒂特兰湖去见吉梅娜·德尔·罗萨里奥·莫拉莱斯，这位编织大师将教我传统的危地马拉编织法。她身材矮小，上了年纪，衣着十分传统，穿着斑斓的罩衫和绣花繁多的连衣裙。她乌黑发亮的头发高高盘起，裹着一条红色的发饰带。

一股烟味从水泥砖块砌的房子里飘出来，几只狗和一只公鸡在院子里闲逛。我问她身上穿着的漂亮罩衫是不是她自己做的。“是的！是的！”她带着一种恼怒的口气回答道，好像在暗示：“还有谁能做出这件罩衫呢？”这件罩衫是一件炫目的作品，精心编织了彩色条纹以及V形、钻石形、鸟形的图案，外加深色条纹。她给我看了一些她已经染了色的红线，我满腹疑惑，究竟什么样的染料才能染出如此艳丽的红色。“这个颜色是用什么染出来的？”我问她。“胭脂虫。”她答道。

背带织机悬挂在树上，吉梅纳在背带织机上用错综复杂的动物图案、条纹和锯齿形状编织着一个色彩斑斓的花纹。钻石形和V形的边缘沿着两侧向上延伸，而其间布满了新颖的花纹和图案。吉梅纳灵巧的手指对花纹了如指掌，她拿起经纱，一次只拿起几根，然后把一根纬纱从下面穿过去。她把花纹上的这根纱线穿过数百条经纱时，动作迅速而细致。一小缕一小缕的纱线像画中的凤凰一样盘着经纱而上，给花纹上色。到了行末，她随手就用梳子把纱线压下来。然后，她又开始了新的一行，一次新的设计，重新数着纱线。她到底是怎么样把这些全部记住的？

由于危地马拉的珠宝首饰编织固有的繁杂性，我想我还没有完全理解这种编织技艺。两串籽珠象征着织造的条纹部分，很好地诠释了编织的复杂性。红色、黄绿色和橙色的运用与相对宁静的蓝绿色以及项链带给人的温暖感相得益彰。你可以使用不同颜色，进行个性化的设计以符合自己的品味，或者只用一种颜色的籽珠看起来简洁，但也够惊艳。

材料

210粒11° 金属鸢尾蓝籽珠（A）
12粒11° 不透明橙色籽珠（B）
98粒11° 不透明蓝绿色籽珠（C）
44粒11° 透明、
衬以青绿色的亚光堇青石籽珠（D）
80粒11° 不透明亚光红籽珠（E）
32粒11° 亚光透明锡兰粉籽珠（F）
12粒11° 亚光不透明蒲公英黄籽珠（G）
23个棱长2.5毫米古铜色无角方珠（H）
150厘米长的红色串珠线
总长度为60厘米的、4.5毫米高×直径2毫米的古铜色平环链
45厘米长的古铜色自行车链条
总长度为18厘米的、4毫米（宽）×5毫米（长）的圆形—椭圆形链子
2个4直径毫米的古铜色扣环
G-S海波黏合剂

工具

胶带
钢丝钳
剪刀
两把钳子（用于打开和闭合扣环和链环）

成品尺寸

80～85厘米（长）

注意：每当出现棱长2.5毫米的古铜色无角方珠时，两根线都要穿过珠子，而其他所有的籽珠部分加工为两条珠串。当把珠串连接到链条上时，让其自然旋转几圈。

1. 用剪刀把串珠线剪成2段，每段长75厘米。在距离一端约10厘米的地方打一个单结（参见136页），然后用胶带黏贴到表面。
2. 需要注意的是，玻璃籽珠分别串在两段串珠线上，而无角方珠则要串在两段串珠线上，按照以下排列串上籽珠。整个排列重复三次：

   H
   D，3A，2E，C，F，2A，D
   H
   A，3C，E，2G，4A
   H
   4E，2F，D，4A，D，E
   H
   3A，4C，E，C，2A
   H
   D，3A，2E，C，F，2A，D
   H
   A，3C，E，2B，4A
   H
   3E，2F，D，4A，D
   H
   3A，4C，E，C，2A
   （**如图1**）

   完成后，打一个单结，并串一个棱长2.5毫米的无角方珠，盖住单结（**如图2**）。
3. 将两段串珠线穿过一个直径4毫米的扣环，并在靠近无角方珠的位置打个平结。将线头穿过无角方珠，然后盖住平结。重复此步骤，完成第二段串珠线和第二个直径4毫米的扣环。在结上滴一滴黏合剂，风干后紧贴着结的位置将线头剪掉。
4. 用钢丝钳将平环链剪为下列的长度：一段35厘米，两段12.5厘米。

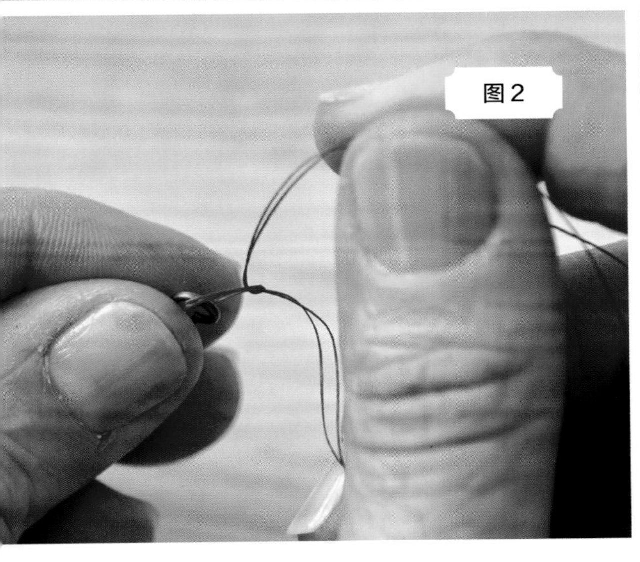

5.用两把钳子将圆环链末端的环打开，将圆环链的一端连接到一段12.5厘米长的平环链一端。重复此步骤，完成第二段圆环链和第二段12.5厘米长的平环链，使得圆环链置于平环链的中心。

6.按照下列顺序布局平环链的中间位置：35厘米长的平环链/珠子部分，45厘米长的平环链/圆环链部分。

7.用两把钳子将一段35厘米长的平环链末端的环和45厘米长的平环链或圆环链末端的环打开，然后串上一个4毫米的扣环，按顺序摆放（**如图3**），将末端的环闭合。重复此步骤，完成第二段。

8.用两把钳子将1个直径4毫米的扣环打开，然后串到一段45厘米长的自行车链条末端，按顺序摆放，再将扣环开口闭合。重复此步骤，完成第二个4毫米的扣环和自行车链条的末端。

E
X
V
O
T
O

瓦哈卡：

神龛坠饰手链

伊莎贝尔从厨房里拿来神龛给我看。这是一个小巧的锡制神龛，侧面像缺了口的新月，顶部像皇冠，积上了一层油烟和指纹，色泽暗黑。神龛中间是瓜达卢佩圣母的圣像，她性情温和，头也微微倾斜着，身上散发着鲜艳黄色光芒。

“我祖父在银矿上工作。他同镇上最漂亮的女孩卡罗琳娜订了婚，卡罗琳娜在广场上卖墨西哥玉米饼。我祖父非常爱她，每天都陪着她回家。一天，我祖父的矿井发生了坍塌，一根横梁砸在我祖父的腿上，把他困住了。他对自己的朋友何塞大喊着让他去寻求帮助，并告诉卡罗琳娜自己会迟到。但是何塞也爱着卡罗琳娜，所以何塞没有去寻求帮助，而是去找了卡罗琳娜。当他陪她回家时，何塞告诉她，我祖父和另一个女人私奔了。卡罗琳娜伤心地哭了。

“但与此同时，工头救了我的祖父，并找了一位医生医治我祖父的断腿。我祖父在工头家里卧床好几个星期。然而当祖父的腿在治疗的时候，他的心却因为卡罗琳娜伤透了。最后，他忍不下去了，拖着断腿吃力地走了约1.5千米到了教堂。他摔倒在教堂里的圣母面前，哭诉道：‘请您治愈我折断的腿，安抚我破碎的心吧！’突然间，他的腿就痊愈了，他抬头一看，发现面前有一束一品红。他一下子跳起来，跑去找卡罗琳娜。他告诉了她发生的一切，并把圣母赐予他的花束送给了她。然后他们一起走去教堂，当天就结婚了。

“这是我祖父第二天为了感谢圣母医治好了自己的腿并把卡罗琳娜也就是我的祖母带到他身边而买的神龛。”

这款手链上的六个神龛形状的坠饰拼写出的是“EXVOTO”，意指出于感激而献给圣人的宗教祭品。有了神龛铭牌的装饰之后，我又涂上了两层半透明的青铜色指甲油，使得铝制铭牌的颜色变暖一点，让它们看起来更加像真的神龛。红色的海玻璃丝线是对一品红的致敬，这是瓜达卢佩圣母的故事中非常经典的部分。

材料

8粒直径20毫米红色海玻璃扁平块珠
长18厘米直径5毫米的古铜色自行车链
1枚直径12毫米古铜色扣子
9粒棱长2.5毫米银质无角方珠
6个21毫米（长）×12毫米（宽）的铝质铭牌吊坠
6个直径4毫米的古铜色圆开口扣环
6个直径5毫米的古铜色圆开口扣环
1个直径10毫米的古铜色圆开口扣环
30.5厘米长的柔性串珠丝线
2粒直径2毫米的古铜色褶珠
半透明青铜色指甲油

工具

小号的一字螺丝刀
钉子
锤子
5毫米金属字母字模组
压线钳
钢丝钳
两把钳子（用于打开和闭合扣环）

成品尺寸

20.5厘米（长）

1.将一个铝制铭牌放在台板上，使用螺丝刀和锤子，依照124页上的图样，在铭牌上锤刻出线条（**如图1**）。再重复5次，完成剩下的铝制铭牌。

2.用钉子和锤子（**如图2**），在铭牌上锤刻出点。再重复5次，完成剩下的铝制铭牌。

3.用金属字母字模组和锤子，在铭牌中间锤刻上一个“E”（**如图3**）。重复此步骤，依次在剩下的铝制铭牌上锤刻“X”、“V”、“O”、“T”和“O”。

4.用指甲油刷在铭牌上涂一层不规则的指甲油（**如图4**）。风干后，反面也涂上一层。在铭牌的正面和反面上再涂一层。

5.铭牌上串直径4毫米的扣环，把铭牌均匀排串在链条上，在“X”和“V”之间空一格。确保铭牌串在链条的同一侧。

6.将柔性串珠丝的一端穿过褶珠，再穿过1个直径5毫米古铜色开口扣环，然后穿回褶珠。用压线钳压紧。

7.在柔性串珠丝上串1粒棱长2.5毫米银质无角方珠和1粒红色海玻璃扁平块珠，连续串八次，最后再串1粒棱长2.5毫米银质无角方珠。

8.将柔性串珠线的另一端穿过褶珠，再穿过1个直径5毫米古铜色开口扣环，然后穿回褶珠。用压线钳压紧。

9.在链条的每一端串一个直径5毫米开口扣环。

10.在台板上将红色玻璃块珠和链线对齐。用两把钳子将第五个直径5毫米的扣环打开，然后在每一链线的一端串最后一个扣环。这第五个扣环会把两条链子串在一起，再将扣环闭合。重复此步骤，完成链线另一端的第六个直径5毫米扣环。

11.用两把钳子将第五个直径5毫米扣环打开，串到直径10毫米的扣环上，再用两把钳子扣环闭合。用两把钳子将第五个直径5毫米扣环打开，串上扣子，再用两把钳子将扣环闭合。

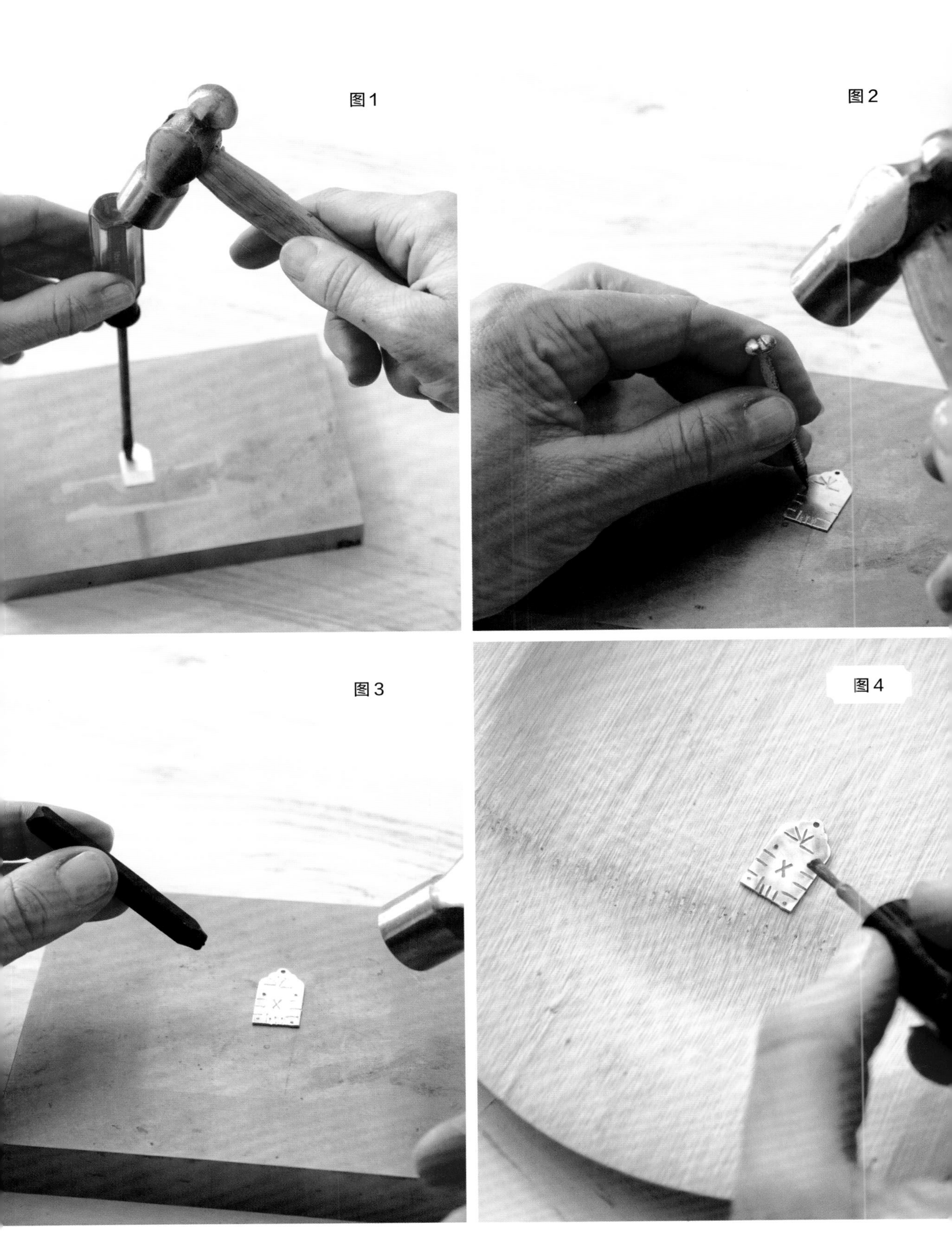
图1
图2
图3
图4

秘鲁：

印加葵布项链

在经历了艰苦的斗争和疾病的肆虐后，西班牙总督弗朗西斯科·托莱多于1572年在比尔卡班巴的一个公共广场处决了印加末代皇帝图帕克·阿马鲁，强大的印加帝国就此落败。随着印加人民的臣服，西班牙人终于能够建立他们自己的领地并去追求他们的目标——寻找传说中新世界的黄金。

为了殖民秘鲁，西班牙人系统性地摧毁了所有的印加文化根据地，取而代之的是西班牙的风俗习惯。寺庙变成了天主教堂，克丘亚语让步于西班牙语。当西班牙人在城镇里搜刮黄金和财富时，他们也“清理房屋”，消除印加文化留下的印记，例如每个家里都有的打着结的葵布。但是西班牙人并不知道这些结绳实际上是一个先进的计数系统，其表明了帝国的财富。诚然，葵布看起来并不像是用来做这种事的东西—— 一根主线上连着许多条有色棉绳，到处打着结。也许是装饰品，又或者是腰带？然而，通过准确的打结位置和结的类型，葵布精确地记录了每个印加人的财富。要是西班牙人知道就好了！在他们面前的是印加巨大财富的国库记录。要是如此，谁知道印加人能留下多少金子不被那些征服者夺走？

库斯科的节日里，我坐在一家咖啡厅的桌子旁看了两天的克丘亚游行和盛典。妇女们兴高采烈地穿着传统服饰——编织披肩、鲜红的塔裙子以及印加蒙特拉帽。我觉得，就男人们的穿着而言，其西式化的程度高于克丘亚化的程度。但我注意到，有几个人把葵布挂在一边的肩膀上，我就忍不住地微笑。

打破陈规，多么典型的印加风格。

这款项链是对传统葵布的简单阐释。这种设计很直白且非常容易解释：一次珠子、吊坠、纤维和链子的大胆组合实验。我在这件作品中选用了骨珠，并用家用染料染了色。效果鲜明，因为骨头能很好地吸收染料。由于有着诸多的颜色可选，你可以搭配自己定制的色调。

材料

16根25毫米（长）×直径7毫米的骨管

12块直径14毫米绿松石块

12粒8毫米（高）×直径10毫米黄铜双锥珠

16粒直径5毫米黄铜圆珠

4粒直径4毫米×3毫米（高）镀金垫珠

15根10毫米（长）×4毫米（宽）古铜色金银丝细管

16个直径5毫米古铜色无舌铃铛

16枚长7.5厘米古铜色眼钉

1条长14厘米镀金颈环

织物染料

亚光保护漆

一次性容器

报纸

注：直径5毫米黄铜圆珠不会在最终成品中显露出来，它们只是用来固定黄铜双锥珠的大孔。

工具

圆嘴钳

两把扁嘴钳（用于打开和闭合眼钉）

钢丝钳

成品尺寸

13厘米（直径）

1.在一次性容器中，按照包装上的说明准备织物染料，并根据需要进行稀释。将骨管放入染液，保持浸没直到颜色达到期望的饱和度。

2.染色完毕后，把骨管从染液中取出，用水冲洗，直到水流变清澈。用毛圈毛巾完全擦干（**如图1**）。把骨管放在报纸上。在通风良好的地方，给骨管喷上一层亚光保护漆。转动珠子和喷嘴，直到珠子表面完全上漆。

3.用两把钳子，打开一枚眼钉上的环，然后串一个古铜色铃铛（**如图2**），用钳子闭合眼钉的环。重复此步骤，完成每枚眼钉。

4.制作长吊坠的方法如下：在1枚眼钉上串上1根骨管、1块绿松石块、1个直径5毫米黄铜圆珠和1粒黄铜双锥珠（**如图3**）。黄铜圆珠不会显露在外，但会有助于双锥珠保持在固定的位置上（**如图4**）。用钢丝钳把眼钉末端超过黄铜圆珠12毫米的部分切除。用圆嘴钳做一个单环（**如图5**）。重复此步骤，共计完成12枚眼钉。

5.制作中等长度吊坠的方法如下：在1枚眼钉上串上1根骨管和1个黄铜圆珠，用钢丝钳把眼钉末端超过黄铜圆珠12毫米的部分剪掉，用圆嘴钳做一个单环。重复此步骤，共计完成4枚眼钉。

6.将颈环的球头打开。在颈环上串1个中等长度的吊坠和1根金银丝细管（串2次）；串1条长吊坠和1根金银丝细管（串12次）；串1个中等长度的吊坠、1根金银丝细管和1个中等长度的吊坠（**如图6**）。将球头拧回颈环上。

7.根据需要可以调整颈环的形状。

图1
图2
图3
图4
图5
图6

实用技巧

一些技巧在很多的作品中都使用过。

万一你对这些技巧不是很熟悉或者是你想要温习一下，这里有一些提示。

打开和闭合扣环

用你选择的两把钳子夹住开口扣环，使扣环的开口位于两把钳子之间可见的地方，通过扭转两端轻轻地打开开口扣环（**如图1**）。要闭合扣环就轻轻地将两端闭合起来，稍稍加上一点压力，使得末端碰在一起时，发出“咔哒”一声，咬合就位。不要经常打开再闭合开口扣环，因为这会迅速降低开口扣环的耐久度，更不要通过拉开两端来打开开口扣环（**如图2**）。

冲压褶珠

把柔性串珠丝穿过褶珠，又穿过一个物件（通常是一个扣环，**如图1**），再穿回褶珠后，把褶珠放在顺手的地方。用压线钳平整的部分轻轻地冲压褶珠（**如图2**），确保柔性串珠丝分别穿过褶珠的两侧。用压线钳尖锐的部分，在褶珠的中间用力挤出一个压痕（**如图3**），确保柔性串珠丝分别通过压痕的两侧。用压线钳的C形部分，缓慢挤压褶珠，使其在压痕处对半折叠（**如图4**）。挤压褶珠若干次，使之呈圆形。

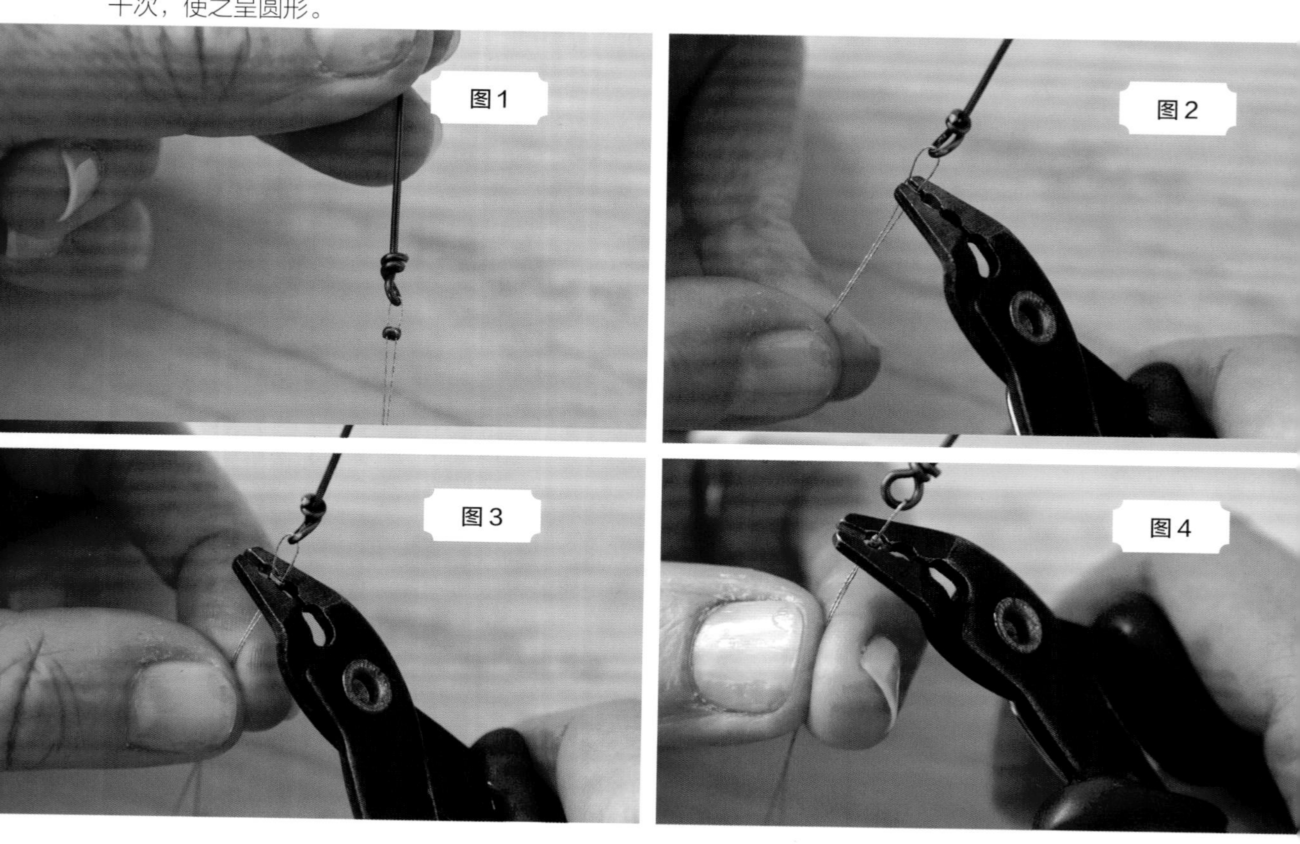

单环

用扁嘴钳或尖嘴钳在距离末端6毫米的地方把金属丝弯折90°（**如图1**）。用圆嘴钳夹住金属丝末端，卷曲金属丝，直到末端碰到弯曲处（**如图2和3**）。

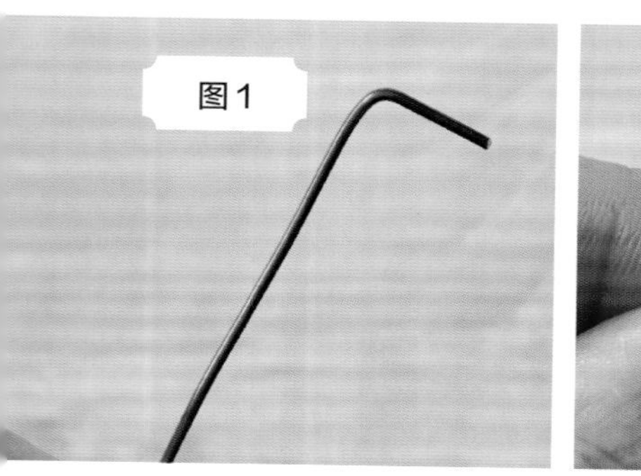

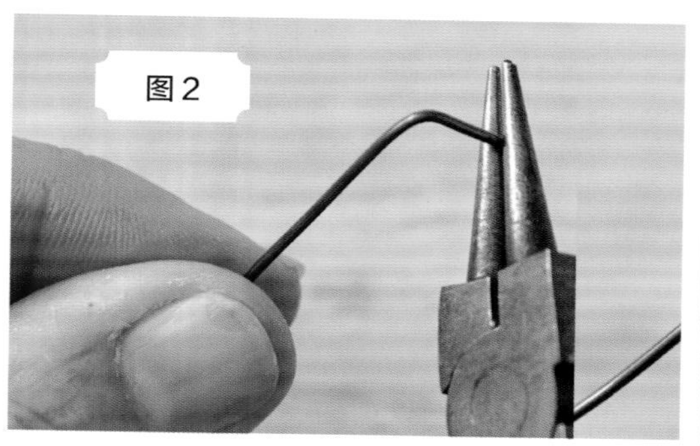

缠绕环

用扁嘴钳或尖嘴钳在距离末端约2.5厘米的地方把金属丝弯折90°（**如图1**）。用圆嘴钳弯曲金属丝，形成一段较长的末端（**如图2**）。继续用圆嘴钳夹着环，用扁嘴钳或尖嘴钳夹住末端，并将其缠绕在环下方的金属丝上，将末端缠绕两圈或者其他所需的圈数（**如图3**）。剪掉多余的部分（**如图4和图5**）。

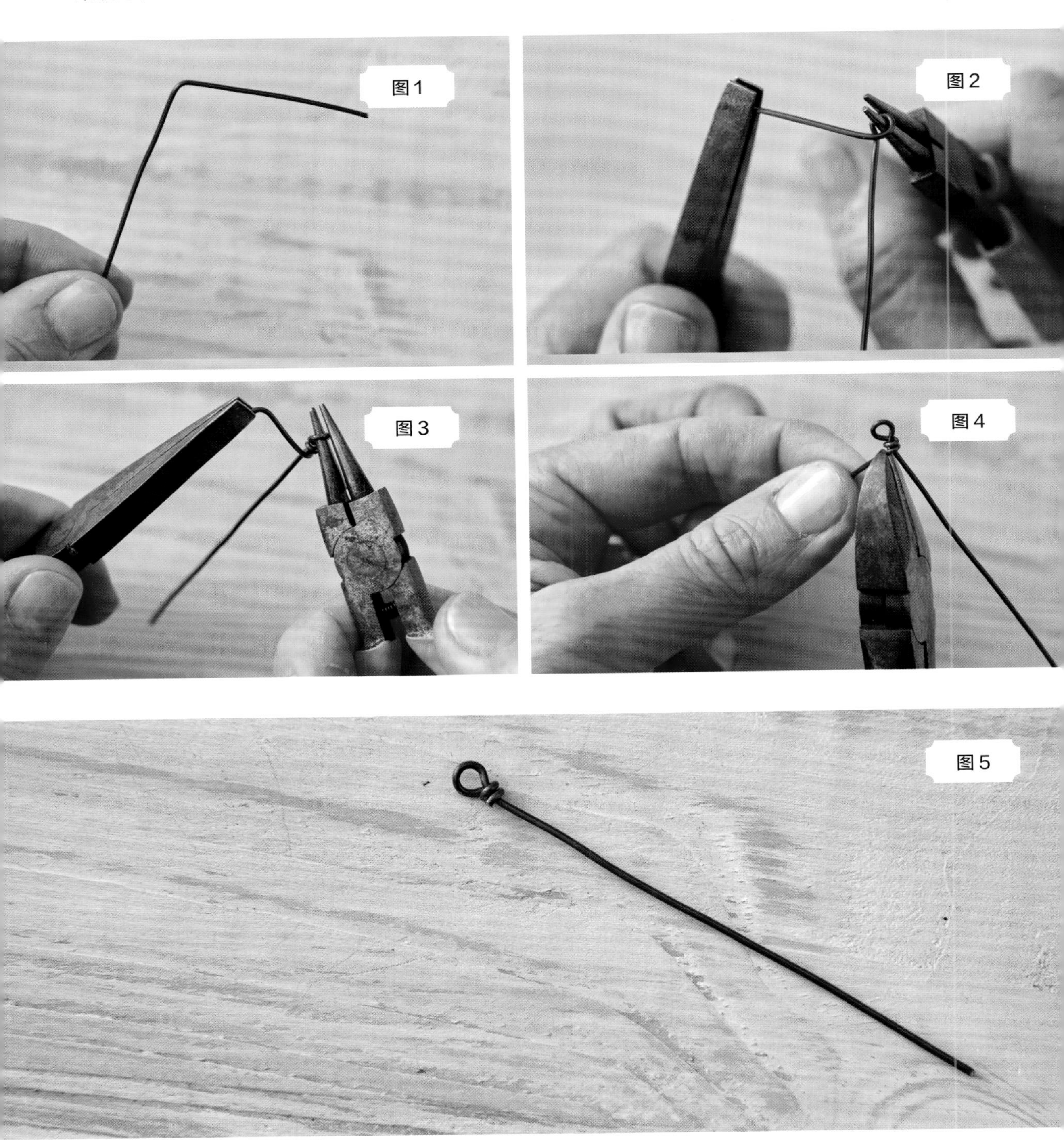

单结

这是最简单也是最通用的编结。我运用这种结来为大部分的打结作品开头和收尾。把绳子绕个圈，再把绳子的一端拉过绳圈，这样，圈就会绕在绳子上（**如图1**）。拉动绳头使得绳结收紧（**如图2**）。

而双重单结仅需在拉紧前将绳子末端在绳圈上再绕一次。

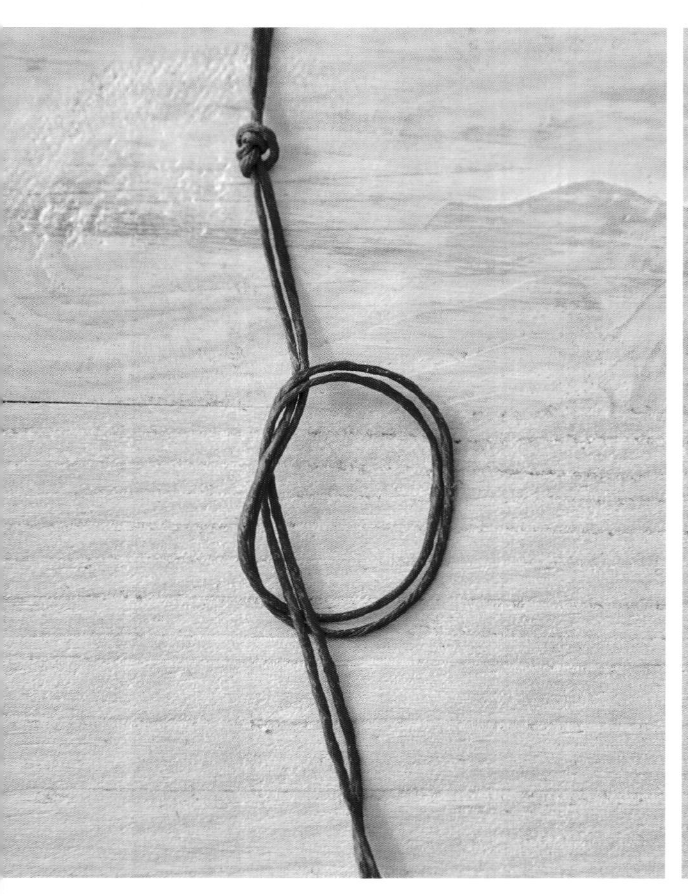

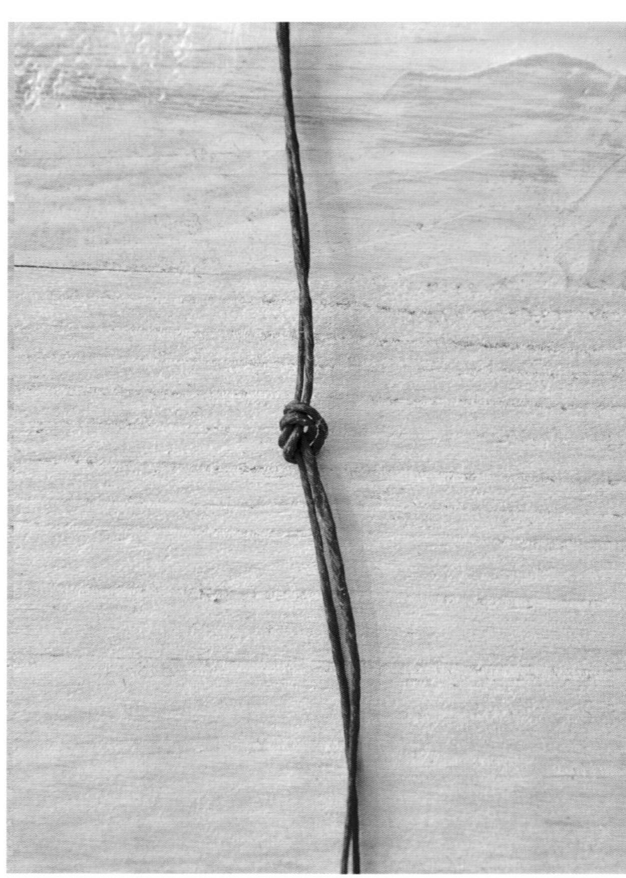

半结

这是一种简单的结，连续打上一串这样的编结能使得绳子显得美观，我在一些作品中运用了这种结。取两段绳子，用一个单结把两段绳子打在一起，然后把顶端固定好。左手拉着一段绳子，把另一段绳子从左边的绳子下面绕一圈，并穿过绳圈（**如图1**）。轻轻地拉紧右手边的绳子，让绳结成型（**如图2**）。继续打半结，直到达到所需的长度（**如图3**）。

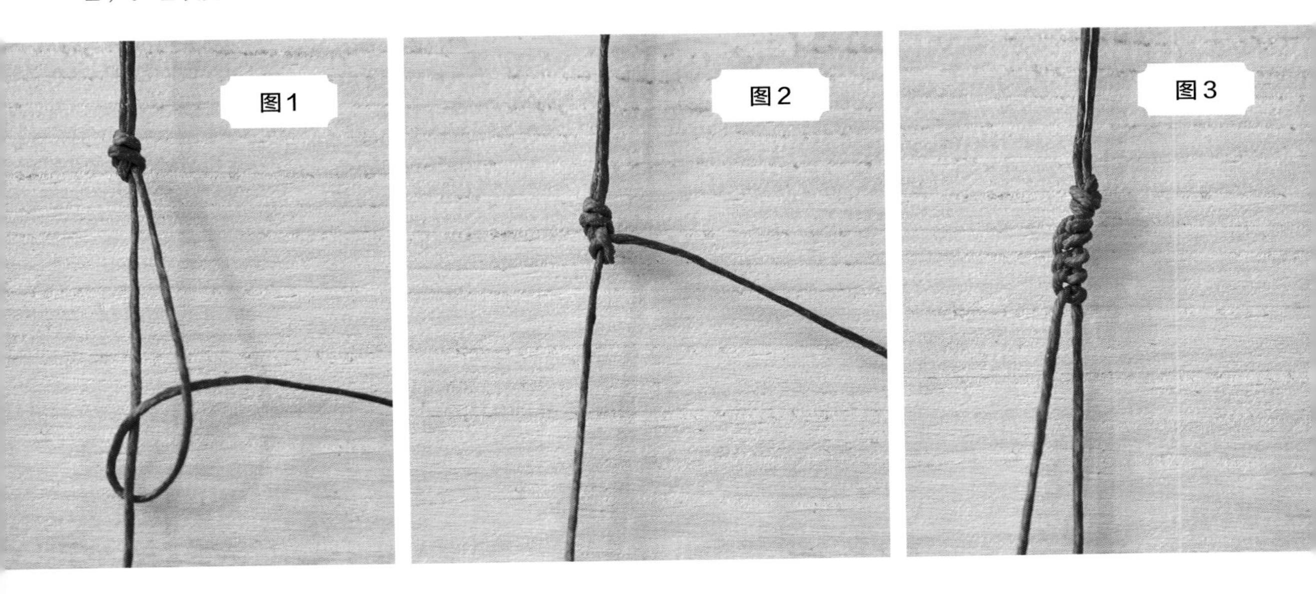

平结

把右边的绳子系到左边的绳子上（**如图1**），拉紧。再把左边的绳子系到右边的绳子上，拉紧（**如图2和3**）。

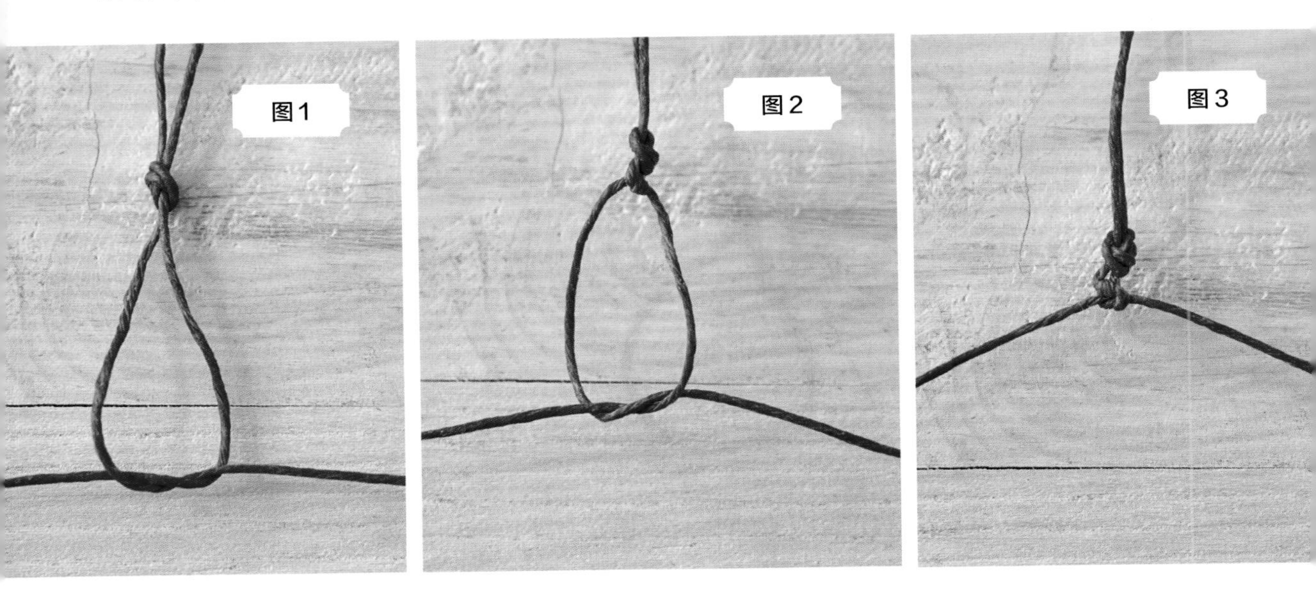

作者简介

安妮·波特在伊利诺伊州从事设计、写作和创作工作，她与丈夫和五个孩子住在一起。

安妮不仅享受着创新的生活，还是一名耐心、慈爱的母亲。她喜欢跑步、骑自行车、旅行、逛跳蚤市场以及观看体育赛事。她也热爱美食。

鸣 谢

感谢Artbeads、Fusion Beads以及Vintage Jewelry Supplies慷慨赞助的材料。

感谢来自Interweave的凯瑞·博格特、丽莎·艾斯比路沙、米歇尔·布莱德森、安·斯旺森、邦妮·布鲁克斯、尼古拉·多斯桑托斯和黛比·布莱尔，感谢你们孜孜不倦的高质量工作以及在各个阶段对我的支持，你们给了我充分的空间来自由创作。

感谢玛丽莲、迪克·杰格、鲍勃和路易斯·波特，多亏了你们的真诚鼓励和聪明才智。我爱你们。

感谢乔恩、丹和贾巴尔·乔希，你们是世界上最好的哥哥。谢谢你们在童年时让我沉浸于艺术和文学，给我飞艇并磨砺我的毅力。

感谢迪克和佐伊·华纳多年来的热情款待，给我准备了最好的缺德舅饼干。

感谢我的闺蜜惠特尼、利亚、凯西、妮可、吉尔·塔米、荷莉、黛比、珍妮、辛迪、朱莉和贝基，多亏了你们忠实的友谊、常年的欢声笑语和祈祷。

感谢布罗克和莉兹·安吉洛，多亏了你们坚定不移的支持，感谢你们与我分享你们的愿景，感谢这些年来深厚的友谊。我们每个人都应该有像你们这样的朋友！

还要感谢苏珊娜。你是我的小甜心，也是有史以来最好的艺术俱乐部主席。我爱你！

献 辞

以此纪念我挚爱的乔希·兰肯（1969—2016年）。

献给埃里克、布莱恩、莫莉、莉娅、凯文和乔茜。

你们是我坚强的后盾。

索 引